无师自通学手工
皮革手缝基础技法大全

〔日〕野谷久仁子 著

董远宁 译

河南科学技术出版社

·郑州·

"不要想着快速制作，而要做出有品位的包。"

"基础技法要掌握扎实！基础应用可以举一反三，变化无穷。"

父亲是浅草(日本地名)的皮革手缝技师,他的这些教导一直到现在我也没有忘记。

在厚厚的滑革上缝纫麻线后勒紧的线迹,

以及周围形成的柔软的皮革凸起,

在这些缝纫线迹和皮革的对比当中可以不断地感受到皮革的魅力。

皮革的缝制很难，怎么会成为乐趣呢?

可能刚开始会有这样的想法,

但是完成作品时的喜悦却会给人一种特别的感受,

所以我一直致力于用日常生活当中的东西，加上简单朴素的设计,

制作出能够看见漂亮的手缝线迹的作品。

另外，我也在改变线的颜色以使皮革外观产生丰富变化上下了很多功夫。

通过本书，我想让更多的人感受到手缝皮革的魅力。

如果能帮您打开新的兴趣世界，我会感到很荣幸。

野谷久仁子

目录

作品的制作方法

练习作品 1

练习作品 2

关于皮革

皮本是我们食用的肉制品的副产品。
将肉分离后把剩下的皮经过加工，变成了"革"。
柔软有弹力的自然皮革，能表现出动物原有的个性，
每一块都有各自的品相。
随着使用时间的增加而变化是其最有魅力的地方。

鞣制方法

剥离了肉的皮（原皮）如果长时间放置会腐烂，干燥的话会变硬。为了避免这种情况，去掉油脂、污垢和不要的部分，使其具有防腐性、耐热性、柔软性的一连串的作业叫鞣制。一般来讲，从动物身上剥下来的叫皮，鞣制后叫革。鞣制的方法有很多种，大致分为单宁鞣制和铬鞣制。

	单宁鞣制	铬鞣制
色调	淡褐色	淡蓝灰色
酸化	颜色变浓	几乎没有变化
可塑性（在施加外力后改变形状、不恢复原状的性质）	非常优秀	较少
染色	碱性	酸性（加热后容易上色）
吸水性	容易吸水	不容易吸水
耐热性	优秀	非常优秀
弹性	有	有

单宁鞣制（植物性）

指的是使用植物中的单宁（有涩味）鞣制的方法，是从古时候开始就使用的方法。使用单宁鞣制的皮革也叫涩革、滑革，质地比较硬，有弹性。染色之前是单宁的淡褐色，容易吸收油脂，在使用过程中由于酸化和日晒，变成黄白色。燃烧后也不会产生有害物质。

铬鞣制（矿物性）

使用铬盐鞣制的方法。时间和成本都不需像单宁鞣制的那么长、那么高，因此适用于批量生产。铬鞣制的皮革有弹性、耐热性、伸缩性，因为比较柔软，所以也适合机缝。染色前是淡蓝灰色，染色时发色比较好，不容易变色。燃烧后会产生有毒的六价铬，处理时需要注意。

本书作品使用的皮革

本书作品使用的牛皮革是将北美牛皮进行 100% 植物性单宁鞣制并进行无损伤染色加工制成的日本滑革。

全部是成牛滑革。从左侧开始分别为茶色、酒红色、绿色、藏蓝色（压花）

滑革

是使用植物性单宁鞣制的皮革。

猪白革

使用单宁鞣制，将猪皮革正面加工成薄透状、发出乳白色光泽的皮革。不容易掉色，经常用作里革（贴革）。

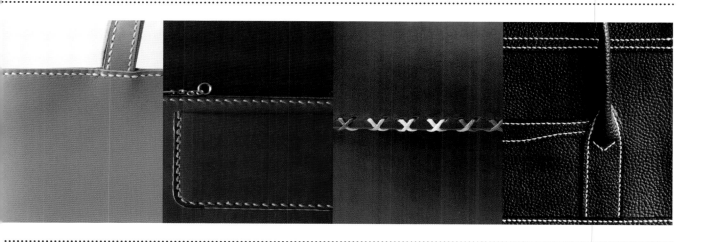

皮革的计量和纤维

日本的工厂在鞣制皮革的过程中是从皮革背部剪裁成两半进行作业的。在皮革材料店里，通常说的一张是指这样剪裁的一半。表示皮革大小的单位是 DS（deci）。一张成牛皮通常为 200～300DS。另外，猪皮和牛皮也有所区别。猪皮的一张通常是指一头猪的皮革，为 100～150DS 大小。以背为中心决定皮革纤维的方向，所以请考虑纤维的方向，结合具体部位剪裁。皮革上的纹路和筋络是每头牛的特性。购入整张牛皮可以充分发挥这种特性。

纤维的方向

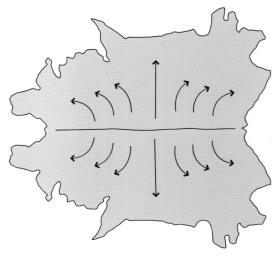

成牛滑革半份
（从背部剪裁成两半的皮革）
238DS

表面（正面）　床面（反面）

计量皮革的单位是 DS，1DS 为 10cm² 。鞣制加工的皮革的表面即正面，床面即反面。

从剪裁成半份的皮革上剪裁部件的方法

边缘整齐不容易伸缩的部分用来剪裁主要部件，有伤痕和筋络的地方作为芯材和里革使用较好。

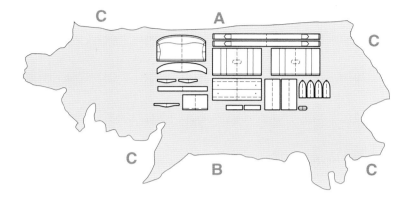

A 背部 不容易伸展、是最好的皮革的部位。制作主体和侧身等要求美观结实的部位优先剪裁。肩带、皮带等有长度的部位如果易伸缩的话难以使用，所以使用背部皮革剪裁较好。

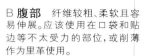
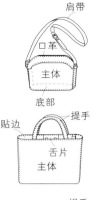

B 腹部 纤维较粗、柔软且容易伸展。应该使用在口袋和贴边等不太受力的部位，或削薄作为里革使用。

C 颈部、腿部、臀部 纤维较粗、厚薄不均匀。使用在不受力的包盖等部位，运用烙印、纹路、褶皱的设计也很有意思。

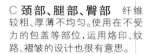

皮革的经年变化

开始有些硬的卡片包也会慢慢地变得柔软，出现光泽能增加品位。请感受一下生活中的皮革制品每天不断变化的样子吧。

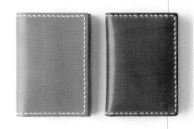

皮革的保养和注意事项

皮革在使用过程中会慢慢变软并出现光泽，所以可以说使用是最好的保养。小心使用的话，不需要特别保养。在平时用柔软的布擦擦灰尘和污垢就足够了。

但是需要注意雨天防水。滑革是比较容易吸水起皱纹的皮革，也有掉色的情形，在穿着白色和浅色皮革服装的时候要注意染色。请注意不要浸水。在淋湿的时候使用干布、纸巾等擦干，再在中间放入报纸等填充整形后放在通风的地方阴干。在阳光下晾干、使用吹风机吹干等急速高温干燥的方法会使皮革变形、收缩、硬化，损伤皮革的外观，所以尽量避免。

关于缝线

根据皮革选择缝线也是手缝皮革的乐趣之一。手缝皮革使用的缝线中，除了麻线外还有尼龙、化纤等制品，每种线也有粗细不同。本书中的作品使用了自然风、有弹性的麻线，选 16 号手捻 5 根（16/5）。请根据皮革和作品选择喜欢的颜色。随个人喜好搭配皮革用线也是制作作品的乐趣之一。

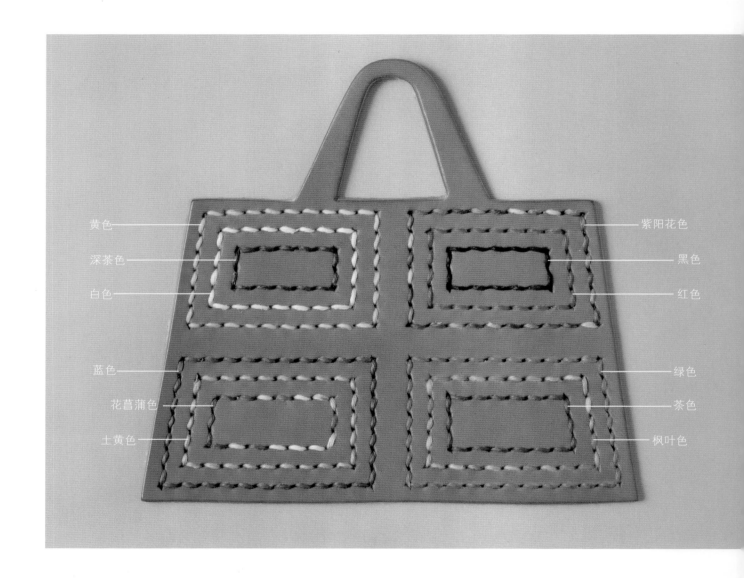

黄色
深茶色
白色
蓝色
花菖蒲色
土黄色

紫阳花色
黑色
红色
绿色
茶色
枫叶色

茶色　黄色　白色　枫叶色　深茶色　土黄色　蓝色　紫阳花色　黑色　红色　花菖蒲色　绿色

黑色　　白色　　深茶色　　茶色　　土黄色　　黄色　　红色　　绿色　　蓝色　　紫阳花色　花菖蒲色　枫叶色

彩色线/麻线

段染线/神奈川

基本工具

这里介绍的是手缝皮革必需的基本工具。
根据用途不同有各种各样的产品，
但刚开始不需要全部备齐。
也有可以代用的物品。
请先选择简单易做的作品。

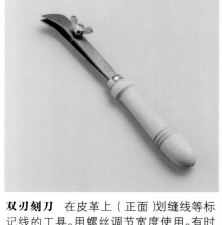

双刃刻刀 在皮革上（正面）划缝线等标记线的工具。用螺丝调节宽度使用。有时也在划装饰线时使用（参照P17）。

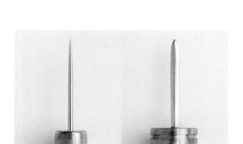

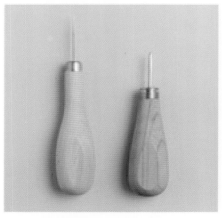

圆锥 做记号和垫上纸型划剪裁线时，或使用菱錾开孔后不容易穿针时使用，也可在加大开孔时使用。在穿过线的孔内扎刺时必须使用圆锥。
菱锥 使用菱錾开孔后不容易穿针时，或加大开孔时使用。

塑料板 剪裁皮革时铺在下面使用。即使有皮革裁刀划痕也不会像木质板那样出现裂痕。在处理完床面后，铺在塑料板下面也可以防止变形。
镇纸 用于在皮革上铺上纸型誊写等情形。其他有一定重量的物品也可以，不过要注意不要划伤皮革的正面。
皮革裁刀 剪裁皮革时使用。局部削薄时也可以使用。在购入时确认是否开刃。也有左手皮革裁刀。细致打磨很重要。

中粗磨刀石　细磨刀石

磨刀石 （从左侧开始分别为磨刀石修理器、中粗磨刀石、细磨刀石）中粗磨刀石和细磨刀石在磨有刃的刀具时使用。磨石的表面凹陷时使用磨刀石修理器修复。

菱錾 齿尖呈菱形,在皮革上开缝纫孔时使用。左一和左二分别是2齿錾和6齿錾(机械生产),右二和右一分别是2齿錾和7齿錾(手工制作)。一定要准备齿间距相等的,2个为一组。2齿錾在弧线上开孔时使用。

橡胶板 在使用菱錾和圆形铣开孔时铺在下面使用。
塑料锤 敲击菱錾时使用。相比木槌和打木,声音特别小。

万用环状台 从极小到大尺寸都能使用的万用环状台,翻过来金属板平面也可以使用。
铣子 左二和左三的两组是不同型号的四合扣铣(分凹面和凸面),右二和右一分别是铆钉铣、圆形铣,搭配左一的万用环状台尺寸使用。

缝线 常用结实有张力的麻线,也可以使用尼龙线等。
蜡 涂抹蜡可以增加线的黏性,防止起毛、松散等。蜡的黏性有使缝线不容易松弛的效果。
美式针 缝针使用较粗的就可以,建议使用美式针的1号。

布 在处理床面和磨边时使用。选择不容易有附着的纤维材料,像手绢等比较适合。
锉刀 磨边时使用。锉刀右下砂纸有粗砂、中砂、细砂等种类。
处理剂 在防止床面起毛和磨边时使用。

强力皮革胶 粘贴皮革时、线打结时、粘贴里革时使用。
橡皮胶 在皮革上涂抹,半干燥时黏合。在强力皮革胶难以粘贴或是临时固定时使用。
玻璃板 在制作线和粘贴皮革时作为压辊使用,或在皮革裁刀做局部削薄时作为台座使用。
刮板 在涂抹强力皮革胶和橡皮胶时使用。

基础技法

介绍本书中的作品在制作时所使用的技法。

剪裁皮革

剪裁时皮革正面向上，使用皮革刀剪裁。在裁断时一定要使用塑料板或是裁板进行作业。

剪裁皮革

图片中的皮革裁刀在购入时有刃。磨刀石准备中粗磨刀石和细磨刀石（参照 P10）。刃是斜面的一侧是正面。

* 也有左手皮革裁刀。请选择适合自己的刀。这里介绍右手皮革裁刀的使用方法。

刀的握法

○ 刀刃正面向内、大拇指抵住刀柄用力握住。

✕ 刀刃正面向外握住的话不能够顺利裁断皮革。

磨刀的方法

在这里使用中粗磨刀石。使用前要把磨刀石放在水中浸泡，使得磨刀石吸足水分。

1 右手手掌抵住刀柄握住。

2 保持刀刃的一定角度，放上左手。

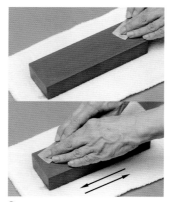

3 在整个磨刀石面上来回磨到刀刃出现毛刺。

4 在刀刃出现毛刺后翻过刀身。用小指和无名指夹住刀柄。

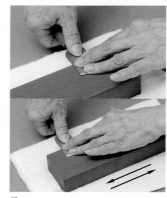

5 在磨刀石的右侧用左手抵住刀刃里侧约 2cm，来回磨到刀刃的毛刺消失为止。用小指和无名指夹住刀柄。

* 可将中粗磨刀石换成细磨刀石，重复同样的动作。

直线的裁切方法

皮革裁刀是单刃，裁切皮革时如果刀是垂直的话切口会变得倾斜。握刀时要让刀刃与皮革垂直，刀身向右侧稍微倾斜。

1 在正面做记号（参照 P14）。铺上塑料板，把刀刃放在开始裁切的位置，慢慢地向前拉刀。一次不能裁切时，可反复几次裁。

2 最后放平刀刃，裁切到边缘。

角的裁切方法   开始时与直线的裁切方法相同。

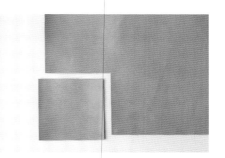

1 到了角的位置时，把刀的边与角的边充分对合，放下刀刃裁切。

2 转动皮革改变方向后再次开始裁切。

3 裁切结束前放下整个刀刃彻底裁断。

曲线的裁切方法   开始时与直线的裁切方法相同。

1 首先裁切弧度较平缓（近似于直线）处。

2 弧度较大时不要一次裁断，可多选几个位置反复裁断。

皮革的削薄方法

在制作皮革作品时，根据设计有些部件需要削薄。这里介绍局部削薄的方法。在塑料板上操作的话刀刃会刺入，所以应在玻璃板上操作。

皮革裁刀局部削薄

1 把皮革裁刀正面朝下放在皮革床面上。

2 稍微吃入刀刃，贴近皮革，使用轻微的力量推刀向前方滑行。

3 根据使用需要，一点一点地削薄。

机器削薄

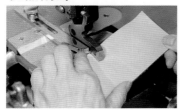

把一片皮革削成均等厚度，对于较宽、较长的皮革，使用皮革削薄机器削薄。请带到皮革商店、专卖店加工。图片中的削薄机器是窄幅和磨边使用的机器。

粗裁的方法

比纸型线（精裁线）大一圈剪裁叫粗裁。在皮革正面放上纸型稳稳按住，沿着纸型的边使用圆锥划线。

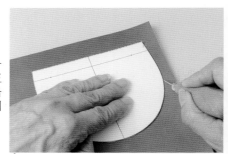

1 在皮革正面放上纸型稳稳按住，沿着纸型的边使用圆锥划线。裁切较大的皮革时，使用镇纸比较方便。

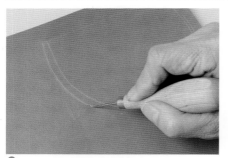

2 在纸型线的外侧5mm处划出粗裁线。

3 按照粗裁线粗裁。

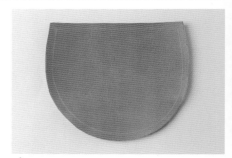

4 完成粗裁的情形。

精裁的方法

按照纸型裁切线进行的剪裁叫精裁。

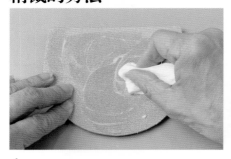

1 在粗裁的皮革床面涂抹处理剂（参照P15）。

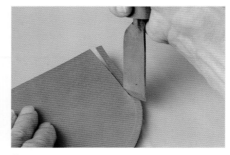

2 沿着裁切线精裁。

3 完成精裁的情形。

床面的处理

防止床面起毛和使皮革有张力所必需的技巧。

处理床面

在床面上涂抹处理剂防止起毛。在塑料板上操作。

1 在床面的中间放上处理剂。

2 使用刮板涂抹均匀。

3 用皮革用布在皮革上摩擦渗透。注意不要让处理剂溢出弄脏皮革。

4 为了防止变形，放在塑料板下面晾干。

粘贴里革芯材

想要防止床面起毛或是增加皮革弹性的话需要在床面粘贴芯材。制作相框等需要使床面光亮的物品时，也可粘贴猪白革。

1 用刮板把强力皮革胶在皮革上涂抹均匀。

2 里革（猪白革）准备大一圈的尺寸。

3 两片背面相对对齐。

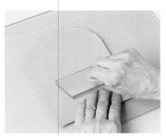

4 用玻璃板等压平，使其完全黏合，剪掉多余部分。

磨边处理

皮革的裁切面叫边。由于磨边的方法会影响到整个作品的品相，所以要小心操作。

磨边

使用锉刀磨边。
锉刀的种类有很多，请根据用途选择（参照 P11）。

1 在边的侧面用锉刀打磨。

2 利用桌子边等，用锉刀斜向打磨小棱角。另一面也用同样的方法。

3 磨平侧边后的情形。

15

处理剂 + 布片磨边

使用处理剂和布片磨边。
磨边处理顺序不同，有处理床面后磨边和缝合后收尾时磨边两种情况。
请考虑好顺序后进行处理。

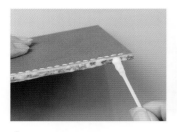

1 注意处理剂不要溢到皮革正面。使用棉签小心地把处理剂涂抹到边上。

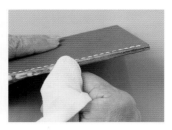

2 在半干燥的时候用布涂抹均匀。

3 在拇指上缠上布，用指甲抵着布沿桌子或塑料板的边摩擦侧面及正反两面的角。

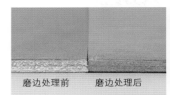

磨边处理前　　磨边处理后

边缘上色

肩背包等用品，在边缘上色后观感也会改变。请用边角料试用后再在作品上染色。

1 注意不要涂抹到皮革正面。使用棉签把染料涂抹到边上，然后磨边处理。

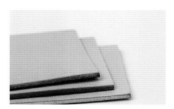

2 染色磨边处理后的情形（上面是深绿色，中间是深茶色，下面是无色）。

色泽好，容易使用的水溶性液体皮革染料。

粘贴皮革

在两片皮革缝合前，要先粘贴。
把粘贴面磨出毛面后涂抹强力皮革胶。

使用强力皮革胶

因为黏着力较强，干燥后不容易剥落，所以贴合时请谨慎操作。

1 在粘贴面磨出毛面后涂上强力皮革胶（这时利用塑料板和桌子的边比较容易操作）。

2 粘贴。

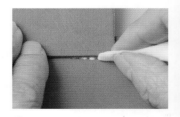

3 溢出到皮革正面时（由于会形成污渍）马上擦掉。

使用橡皮胶

比起强力皮革胶黏着力弱，且可以重新粘贴，适用于临时固定的情况。

1 在需粘贴的两片皮革上涂抹橡皮胶。

2 稍微放置一会儿（半干燥状态）后粘贴。

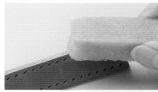

3 不小心涂抹到皮革正面时，等干燥后用手指擦掉。不小心溢出到边上时，用天然橡胶清洗剂清洗。

使用双刃刻刀划线

在需要缝纫处用双刃刻刀划线。由线条决定缝纫位置。请考虑好顺序后进行处理。

双刃刻刀的握法

尖端有两个部分，左侧的部分放在皮革上，右侧的部分贴着边直立，用拇指抵住刀柄。

线的划法

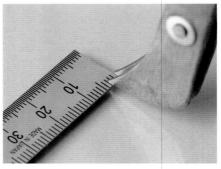

1 旋转双刃刻刀的螺丝调节宽度。

装饰线

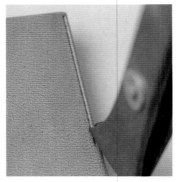

划一条线，感觉立马就出来了。对作品的实用性没有影响，如此花费一番功夫只是为了装饰，这正是手工制作的独特魅力。

2 把短的一侧的刀刃（左侧）放在皮革正面上，另一侧贴着边。

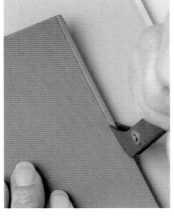

3 直立起双刃刻刀，向内侧拉刀划出一条较深的线。

使用菱錾开孔

缝纫皮革时，在缝纫部分预先划线，在上面使用菱錾开孔。开孔时在橡胶板上进行操作。

7 齿錾

在 1 寸（3.3cm）的宽度，排列 7 个等间距齿的 7 齿錾。也有 1 寸的宽度排列 8 个齿的 8 齿錾，排列 9 个齿的 9 齿錾。齿多缝纫的针孔会变密。

2 齿錾

在弧线上要开 7 个以下的孔时使用。2 齿錾也有各种间距的。
7 齿錾和 8 齿錾都要搭配相同间距的 2 齿錾，必须配套使用。

直线开孔
首先，使用2齿錾在两端开孔，为了使开孔间距相同，要先确定开孔数量。

1 在皮革的下面铺上橡胶板，皮革的正面向上，2齿錾的1个齿对准角上的缝纫线，垂直扶稳用锤子敲击。

2 在另一侧也使用2齿錾开孔后，返回到开始开孔处，使用7齿錾开孔。

3 为了不使开孔错位，一定要把菱錾边上的齿放在前一个孔里。

4 如果能够正好与先开的孔全部对合的话最好，但是如果不能对合时需要调整间距。首先，放入菱錾确认间距是否合适。

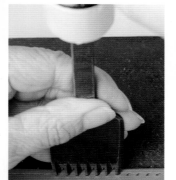

5 图中的情形是进行到能够使用7齿錾开孔的位置。

6 未开孔处变短时换为2齿錾，把齿放在前面的孔中，推测未开孔处的间距，进行几次微调。

7 反复把齿插入前面的孔中，确认是否能够正好与边端预先开的孔重合。

8 使用锤子敲击开孔。在这里使用2齿錾进行微调整，也可以使用7齿錾根据情况调整开孔。

9 沿着缝纫线开孔后的情形。

角部的开孔方法
开好横向的孔后，再纵向开孔。使用2齿錾也可以。

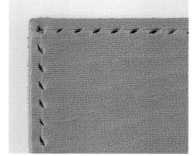

在已经开好的孔（角）中插入1个錾齿，使錾与横向孔呈L形。

缝纫

针的准备

缝纫时，大部分是在预先开好的孔上进行，所以相比尖头针来说，尖端较圆的针不容易刮到布，且更容易缝纫。如果针尖过尖的话，要像在锉刀上画圆圈似的把针尖磨圆。

线的准备

为了使线穿过针后对折成两股也不显粗，且更容易穿过缝纫孔，需要把线头打细。在线上全部涂抹蜡，使线更有黏性，不起毛边，线和线相互黏着不容易松开。

1 像拆线似的把线的末端散开。

2 在玻璃板上，使用圆形锥子的尖端把线末端的 7~8cm 打薄。

3 线的末端有像棉花似的毛脱落（如图片右上），经过几次小心的操作可将线打细。

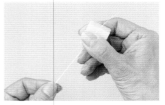

4 把线夹在拇指和食指之间，把打细的部分捋顺。

5 把松开的线拧紧，使其恢复到原先的状态，在全部线上打蜡，直到线变直。

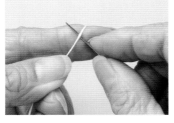

6 在打过蜡的线的末端 4~5cm 的地方，分开线股插入针。

7 接着间隔 0.6~0.7cm 像步骤 6 一样扎刺 3~4 次。

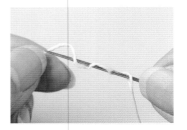

8 在线上扎刺 4 次的情形。

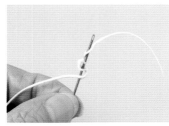

9 把针倒过来拿住针尖。

10 把线头穿过针鼻。

11 拿住针尖，把穿在针上的线向针鼻方向移动。

12 把线向下拉。

13 另一边的线头也同样处理。

14 缝线准备完成。

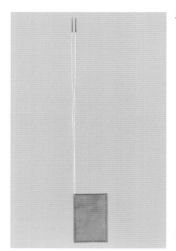

平针缝 使用两根针的基础缝纫方法。两手各拿一根针进行缝纫。这样即使在缝纫途中断了线也不会松开，全缝得很结实。把皮革夹在两膝盖之间，立起来缝纫。

开始缝纫 根据所缝皮革的厚度，准备缝纫距离的 3.5~4 倍的线。

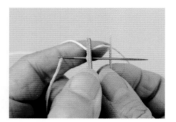

1 把穿了两根针的线穿过开始缝纫的针孔，把线对折，使两边的长度相等。

2 缝纫时皮革正面向右，左侧的针穿入第 2 个孔，把右侧的针放在左侧针的下面呈十字状重叠。开始缝纫的时候会比较难，习惯了以后就会缝得很快，也不会缝错针孔。

3 右侧重叠的针压住不动，把从左侧穿过来的线向右侧拉 5~6cm。

4 从左侧穿过来的针不动，把右侧的针穿过第 2 个针孔。

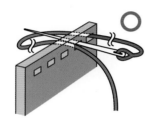

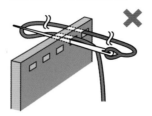

5 一定要在左侧的线的里侧穿过针。入针如果不正确的话，线迹会不整齐，因此每一次都要注意。拉拽先穿过的线，看有没有被另一根针挑到。在每一次穿针时都要确认。注意穿针时挑到线的话会给线造成损伤或导致缠绕。

6 确认针是否挑到线，若没有，把左右的线均等拉拽；若扎到线，需要拔掉针重新入针。

马凳
在缝纫时固定皮革用的工具。平针缝的时候用腿夹住皮革，立着缝纫也可以。用腿难以夹住的小物品可用马凳夹住，能够牢固地固定，便于缝纫（图片如上）。

7 均等拉拽左右的线，缝纫完成 1 针的情形。反复按步骤 2~6 的方法继续缝纫。

缝纫结尾①

这是不在外侧打结，而在针孔中打结的方法。
在能够看到床面的时候使用。

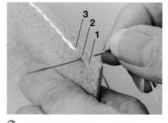

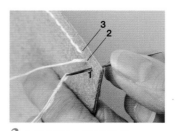

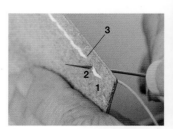

1 缝到距离结尾处 3 个针孔时，要把左侧的针连续穿过 3 个针孔，先将其穿过针孔 3。右侧暂时不动。

2 使用缝纫的双缝法，将步骤 1 从左侧穿到右侧的针穿过针孔 2。

3 再从左侧向右侧穿过针孔 1。

4 使用相同的针退回缝纫，从右向左穿过针孔 2。

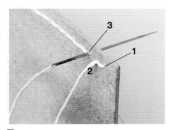

5 从左侧拔出的针再次回到针孔3，从左侧向右侧穿针。

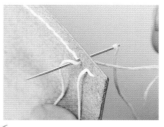

6 左侧的线向右侧拉拽5~6 cm 后，把步骤 1 留在右侧的针穿过相同的针孔，在针尖上把左侧的线缠绕 1 次。

7 把右侧的线拉到左侧，在床面的线上用棉签等涂抹少量强力皮革胶。

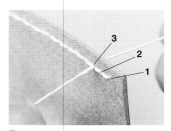

8 把左右的线均等拉拽。

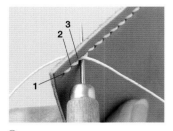

9 使用圆锥从第 3 个针孔的正面向着第 4 个针孔的床面扎刺开孔。

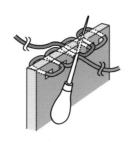

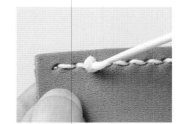

10 把右侧针穿过步骤9开的针孔。

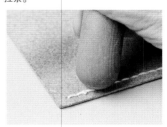

11 在拉紧线剪断之前，在正面的缝线上涂抹少量的强力皮革胶后拉紧。

12 这个时候，在皮革的正面如果有多余的强力皮革胶渗出，请立即擦拭。

13 把床面的两股线贴着根部剪断。

14 在线头涂抹强力皮革胶。

15 使用锥子的把手把线捋平。

缝纫结尾② 在"缝纫结尾①"的方法不能使用的时候，或看不到床面时，也可以使用在里侧打结的方法。

正面　　床面

1 平针缝剩下最后一个针孔时，把正面的线穿过最后一个针孔从床面出针，打结。在线结的下面少量涂抹强力皮革胶。

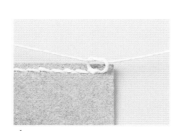

2 拉紧两根线。

3 在线结的上面涂抹强力皮革胶。

4 再一次打结。

5 在线结的根部剪断线。

6 使用锥子的把手等压平，尽可能整理平整。

接线方法

若在缝纫途中线不够，需要处理好线头使用新线继续缝纫。剩余的线过短的话不容易缝纫，要多出 10cm 左右。

1 按 "缝纫结尾①" 的步骤 6（参照 P21），在针尖绕线 1 次，在床面侧的线上涂抹强力皮革胶，引线。

2 使用锥子斜向扎刺到上一个针孔，开孔。

3 穿过右侧针，从床面侧出针。

4 为避免脱线，所以需要留下线头。

5 准备新线（这里使用绿色线），穿过白色线的最后的针孔。

6 平针缝。

7 缝纫完成后，把白色线从打结的边缘剪断。

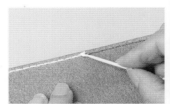

8 涂抹强力皮革胶，使用锥子的把手等抚平。

床面　　　　　　　正面

双重缝

为了缝纫得结实些，在受力的地方缝纫两次。

1 在完成第 1 针的平针缝后，右侧针穿过第 1 个针孔。

2 用同一个针再穿过第 2 个针孔。

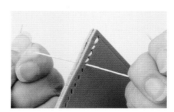

3 然后再进行普通平针缝。

4 在第 1 针缝纫两次后的情形。

双色缝

在笔袋（P34）和典雅大提包（P81）中使用的交错露出不同颜色缝线的方法。

1 准备两种不同颜色的线。把线头打结后涂抹强力皮革胶。

2 再一次打结剪断线头。

3 为了隐藏线结，在缝纫的两片皮革之间夹住线结。

4 平针缝。

* 使用缝纫结尾处的接线方法及结尾打结的方法（参照 P21）。

十字缝

缝纫线成十字形交叉的一种缝纫方法。线交错整齐的话会更美观。线的长度应为缝纫距离的6倍左右。当两片皮革对缝时，开始缝合的地方受力，所以先横向渡线后再进行十字缝。

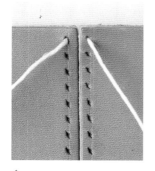

1 从正面出线。左侧的针在右针孔入针，从左侧的针孔出针。

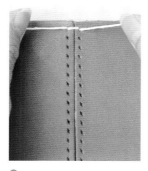

2 均匀拉线，使两根线的长度相等。

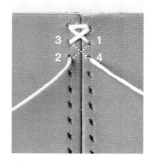

3 左侧的线穿过针孔1，从针孔2出来。右侧的线穿过针孔3，从针孔4出来。

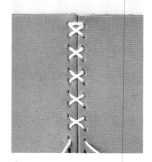

4 一个针孔一个针孔地拉线缝纫。缝纫结尾打结（参照P21）。

横向缝

横向渡线的缝纫方法。有使用1根针的缝合方法和使用2根针的缝合方法。线的长度根据缝纫的方法有所不同，大约需要缝纫距离的10倍，皮革较厚时请准备更长的线。

单针缝

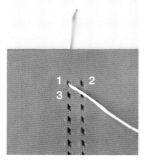

1 线头一端打结，穿入针孔1。

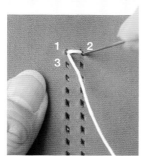

2 横向穿入针孔2，将线拉紧，从针孔1中出针，再次穿入针孔2。

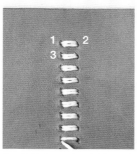

3 从针孔2的床面出针后，穿入针孔3，从正面出针。重复步骤1和2。

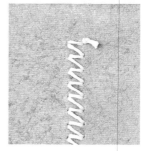

4 床面的针迹呈锯齿状，缝纫结尾处打结（参照P20、21"缝纫结尾①"）。

双针缝

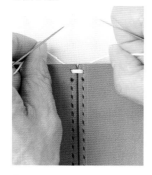

1 在线的两端穿针，两根针从床面穿到正面，左右的线拉到相等长度。在相同针孔2次穿针。渡线拉紧。

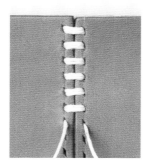

2 每一针都要拉线。2根线均匀拉拽使针迹整齐。

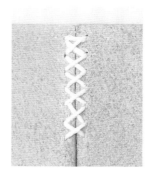

3 床面的针迹呈十字状。缝纫结尾打结（参照P21）。

缝合配件

日形环、口形环、D 形环

肩包（P76）的肩带使用的日形环、口形环和 D 形环，也可以应用在皮带的带扣上。

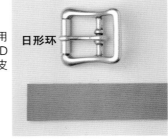

日形环

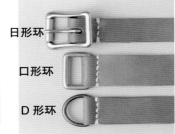

日形环

口形环

D 形环

1 使用锥尖在开孔位置做记号。

2 使用圆形锬开孔。

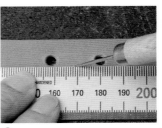

3 使用圆锥划出孔和孔的链接线。

4 沿着格尺用裁刀切断。

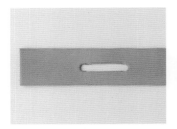

5 裁出日形环孔。

6 在日形环孔中穿过日形环针，涂抹强力皮革胶。

7 黏合后使用菱錾打孔。

8 准备线，在开始和结尾穿过两次线平针缝。

9 缝合了日形环的情形。

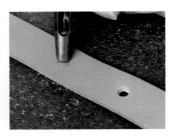

10 使用圆形锬开孔。

11 日形环针穿过开孔的情形。

12 在另一侧穿过口形环（或 D 形环），口形环的内径要比皮带宽。

13 使用圆形锬在两侧开半圆孔。

14 口形环正好嵌入的情形。

日形环锬

根据日形环的大小选择锬的尺寸。步骤 2 ~ 4 的工序（与圆形锬的使用方法相同）可以简化为一次打孔。

铆钉

典雅大提包（P81）使用的皮革配件。有单面铆钉和双面铆钉等种类，铆钉的长度有很多种，根据皮革厚度的不同来选择。根据铆钉的头和脚的不同，分别使用锥子和万用环状台。

铆钉的安装方法

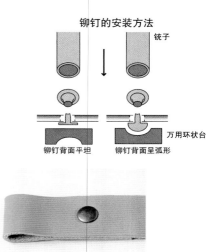

锥子

万用环状台

铆钉背面平坦　铆钉背面呈弧形

脚　头

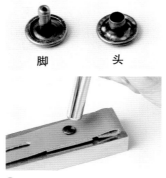

1 使用圆形锥开孔（参照 P24 ）。

2 把铆钉的脚穿过步骤 1 开的孔。在脚上盖上铆钉头。

3 垂直放上锥子，使用锤子敲打。

4 确认铆钉是否固定结实。如果松动的话再次敲打。

四合扣

在大提包（ P58 ）的舌片上安装四合扣的方法。根据四合扣不同的形状选择锥子和万用环状台。

四合扣的安装方法

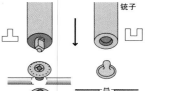

锥子

万用环状台

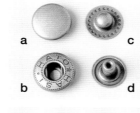

a　c

b　d

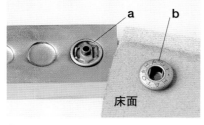

a　b

床面

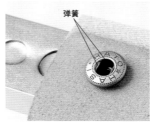

弹簧

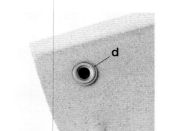

d

1 使用圆形锥开孔后，在 a 尺寸的万用环状台上，把 a 反过来放上，在舌片（上片）的床面穿过 b。

2 在 a 上嵌入 b。这时注意四合扣的方向。

3 将锥子的凸面对准四合扣，用锤子轻轻敲击。注意不要损坏四合扣的头。

4 使用圆形锥开孔后，在舌片（下片）的床面穿过 d。

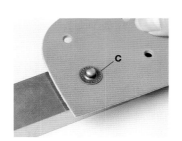

c

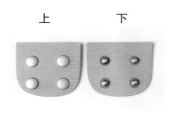

上　下

平口钳

在安装四合扣和铆钉失败的时候不要着急，用平口钳可以轻松地拆掉。

5 把万用环状台翻转过来，在万用环状台的平面上放上 c。

6 舌片（下片）正面向上，在 c 上嵌入 d，垂直嵌入锥子的凹面，使用锤子轻轻敲击。

7 完成舌片的上片和下片的情形。然后扣上再解开，确认是否合适。

磁扣（开口式）

在硬币钱包（P41）、肩包（P76）中使用的开合简单的磁扣配件。

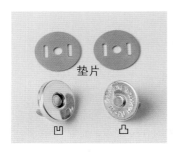

垫片

凹　　凸

1 在安装磁扣的中心位置，使用圆锥做记号。

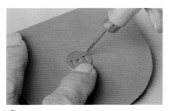

2 把垫片的中心和磁扣位置的中心对合，在要穿过磁扣脚的位置做记号。

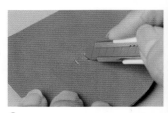

3 在步骤 2 做记号的位置，使用裁刀切口。

4 插入凹面翻过来，把磁扣脚嵌在垫片上。从脚的根部使用钳子向外折。

5 注意不要伤到磁扣，使用锤子轻轻敲击。凸面也是同样方法。

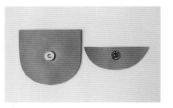

6 磁扣的凹凸面安装完成的情形。

7 贴合磁扣贴革（硬币钱包的前主体）。在贴边部分装磁扣时不需要磁扣贴革。

拉链

在钱包（P72）中使用的拉链。可在各种物品中应用。在皮革上安装拉链的时候，需要预先打孔。使用强力皮革胶粘贴。

铣刀
可以一次性完成安装磁扣时步骤 1~3 做的切口。

1 找准拉链的缝合线位置，使用菱錾打孔。这时，注意不要伤到拉链的布条，只在皮革上打孔即可。

2 在皮革头上，轻轻地用锉刀上下打磨出毛面，使用强力皮革胶粘贴在拉链的两端。

3 利用塑料布或是桌子的边缘在皮革头上涂抹强力皮革胶，并在拉链布正面也涂抹强力皮革胶。

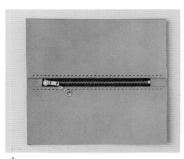

4 在拉链布正面两端粘贴上皮革头，完成缝纫的准备工作。在皮革头上使用圆锥扎孔并开孔。

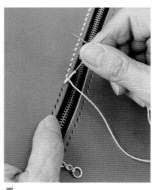

5 在打好的孔上进行平针缝。

6 缝合好拉链的情形。

作品的制作方法

以下是作品制作方法介绍。
参考硬币钱包（P43）和大提包（P60）的制作方法试着制作吧。

* 本书中使用的皮革是牛皮滑革。
* 请按照纸型图的尺寸购买皮革。另外，在实际运用时请参照 P7，选择合适的皮革。
* 皮革的分量要比实际需要的分量稍有余量。带着纸型去材料店和店员商谈比较好。
* 缝线的使用量，根据皮革厚薄不同会有变化。所以请准备稍长些。大致标准如下：平针缝时长度是缝纫距离的 3.5~4 倍，十字缝时长度是缝纫距离的 6 倍，双重缝时长度是缝纫距离的 10 倍。
* 双刃刻刀是厚度为 3mm 的刀具。
* 工具请参照 P10、11。
* 制作方法页中的尺寸以厘米（cm）为单位。
* 完成尺寸（包款）以高（纵向）× 宽（横向）× 厚的形式标记。

锉刀护套　　　　　　　双刃刻刀护套　　　　　　皮革裁刀护套

工具护套

为了保护珍贵的工具，使带刃和带尖的工具不会划伤周围的物品，
应选择稍厚的皮革制作护套。

制作方法见 P30

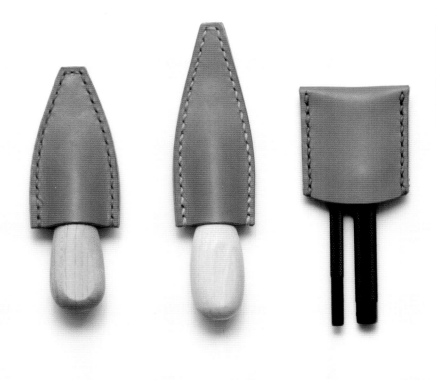

菱锥护套 圆锥护套 菱錾护套

工具护套

P28、29 的作品　实物大纸型 A 面

*准备物品　　牛皮滑革（2mm 厚）：约 12DS
　　　　　　　工具：棉签

*成品尺寸　　参照图示

*制作方法

1制作纸型（参照实物大纸型）。处理床面（参照P15）

2先粗裁，再精裁
3使用双刃刻刀划出缝纫线，
　使用菱錾开孔（参照P17、18）
4在缝纫开始和缝纫结尾处进
　行双重缝（参照P22）
5磨边处理（参照P15、16）

*制作图　菱錾护套

反面相对对折，边缘使用强力皮革胶黏合后进行平针缝（参照P20）

11.5

中心线

5

对折

5.5

画圈的部分不开孔

5

※注意左右开孔位置，要使两侧开的孔数量相同

*制作图　菱锥护套

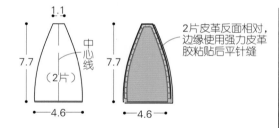

1.1

7.7

中心线

（2片）

7.7

4.6

4.6

2片皮革反面相对，边缘使用强力皮革胶粘贴后平针缝

*制作图　圆锥护套

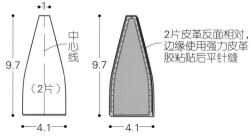

1

9.7

中心线

（2片）

9.7

4.1

4.1

2片皮革反面相对，边缘使用强力皮革胶粘贴后平针缝

使用处理剂处理床面
—— 的部分磨边
—— 的部分是涂抹橡皮胶的位置

*制作图　皮革裁刀（刀宽 3cm）护套

11.8

中心线

11.4

9.8

画圈的部分不开孔

（正面）

反面相对对折，边缘使用强力皮革胶粘贴后进行平针缝

对折

11.4

4.3

※注意左右开孔位置，要使两侧开的孔数量相同

● 锉刀护套、双刃刻刀护套的制作图、纸型图参见P57

3 在皮革主体上贴合上口袋并组合（参照 P16 "粘贴皮革"）

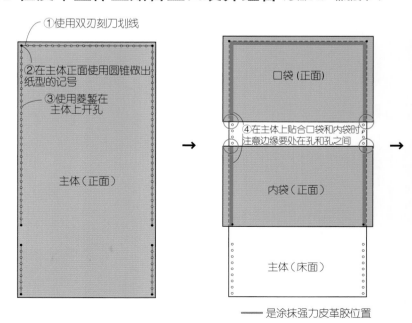

①使用双刃刻刀划线

②在主体正面使用圆锥做出纸型的记号

③使用菱錾在主体上开孔

主体（正面）

口袋（正面）

④在主体上贴合口袋和内袋时，注意边缘要处在孔和孔之间

内袋（正面）

主体（床面）

—— 是涂抹强力皮革胶位置

卡片包

P32 的作品 实物大纸型 A 面

*准备物品　牛皮滑革（1.8mm 厚）：约 6DS
　　　　　　工具：棉签

*成品尺寸　约 7.5cm×11cm

*制作方法

1 制作纸型（参照实物大纸型）处理床面（参照 P15）

2 先粗裁，再精裁（参照 P14）

*制作图

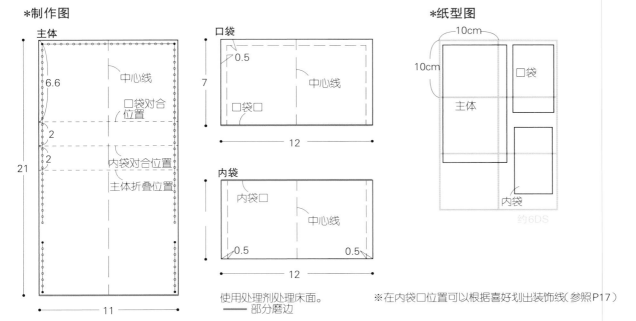

主体

6.6
中心线
□袋对合位置
2
2
内袋对合位置
主体折叠位置
21
11

口袋

0.5
中心线
7
□袋
12

内袋

内袋□
中心线
0.5　　0.5
12

使用处理剂处理床面。
—— 部分磨边

*纸型图

10cm
10cm
□袋
主体
内袋
约 6DS

※在内袋□位置可以根据喜好划出装饰线（参照 P17）

4 缝合周边，完成

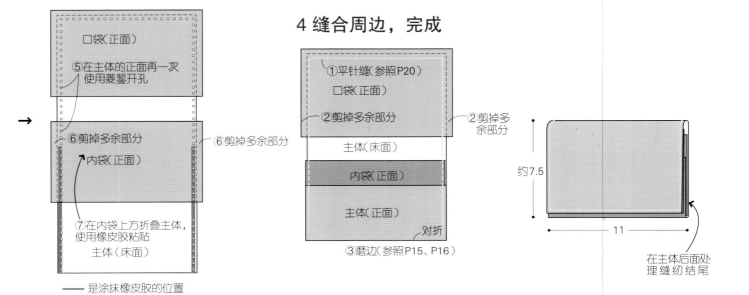

口袋（正面）

⑤在主体的正面再一次使用菱錾开孔

⑥剪掉多余部分　　⑥剪掉多余部分

内袋（正面）

⑦在内袋上方折叠主体，使用橡皮胶粘贴
主体（床面）

—— 是涂抹橡皮胶的位置

①平针缝（参照 P20）
口袋（正面）
②剪掉多余部分　　②剪掉多余部分
主体（床面）
内袋（正面）
主体（正面）
对折
③磨边（参照 P15、P16）

约 7.5
11
在主体后面处理缝纫结尾

卡片包

融入了多种基本技法的卡片包，非常适合练习皮革制作。请体验完成创作的喜悦，享受在日常生活中使用自创作品的乐趣吧。每一个作品都能传达手工制作的温暖。

制作方法见 P31

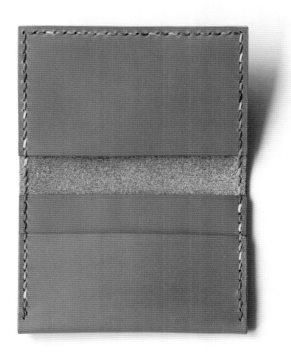

笔袋

稍稍松弛贴缝的皮带使包盖的开闭变得简单；突出圆润弧度的
十字缝的褶皱不只具有装饰性，也使得笔的进出变得更容易。
小特色却大大增强了包的实用性。

制作方法见 P36

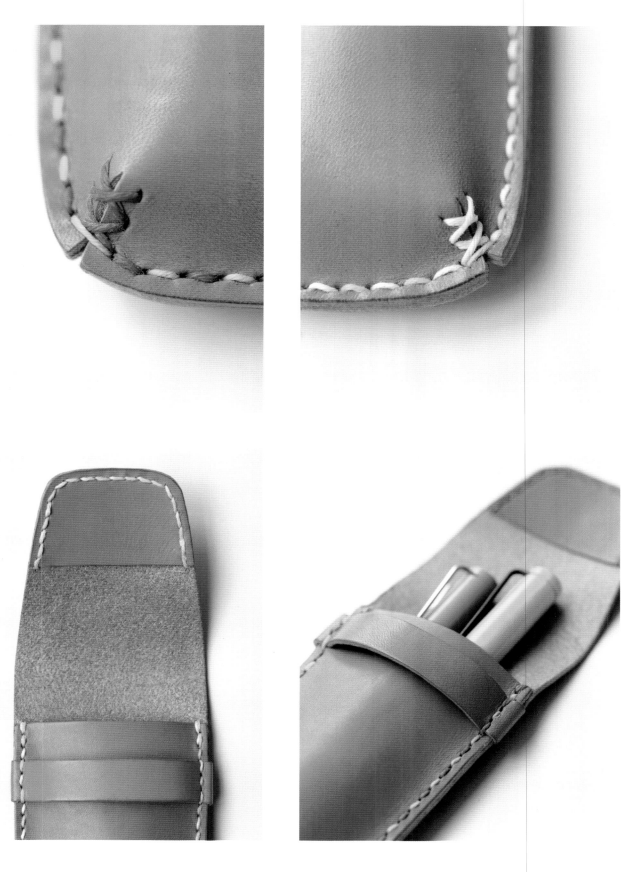

笔袋

P34 的作品　实物大纸型 A 面

*准备物品　牛皮滑革（1.8mm 厚）：约 5DS
　　　　　主要工具：菱錾、圆锥、双刃刻刀、棉签

*成品尺寸　约 16cm × 7cm

*制作方法

1 制作纸型（参照实物大纸型）。处理床面（参照P15）

2 粗裁、精裁后磨边（参照P14～16）

3 在主体、皮带、口袋盖的正面用圆锥做出纸型的记号（参照P26）

4 使用双刃刻刀在主体上划出缝纫线，并在前主体和后主体上分别使用菱錾开出相同数量的孔（参照P17、18）

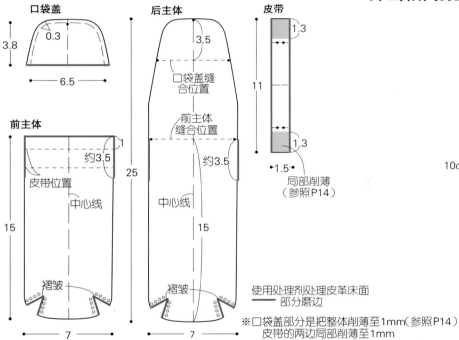

口袋盖　3.8　0.3　6.5

后主体　3.5　□袋盖缝合位置　前主体缝合位置　约3.5　中心线　25　15　褶皱　7

前主体　1　约3.5　皮带位置　中心线　15　褶皱　7

皮带　1.3　11　1.3　1.5　局部削薄（参照P14）

使用处理剂处理皮革床面
―― 部分磨边

※□袋盖部分是把整体削薄至1mm（参照P14）
　皮带的两边局部削薄至1mm

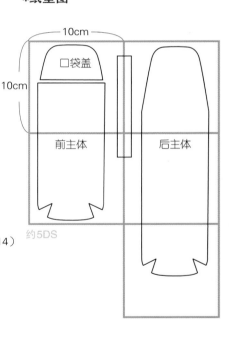

*纸型图

10cm　□袋盖　10cm　前主体　后主体

约 5DS

5 在前主体上缝合皮带

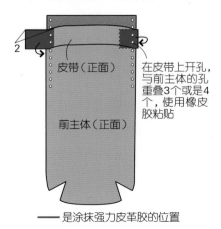

2　皮带（正面）　前主体（正面）

在皮带上开孔，与前主体的孔重叠3个或是4个，使用橡皮胶粘贴

―― 是涂抹强力皮革胶的位置

1 涂抹强力皮革胶。

2 使用夹子固定，等待干燥后使用2齿錾开孔穿透。

6 在后主体上缝合口袋盖后侧

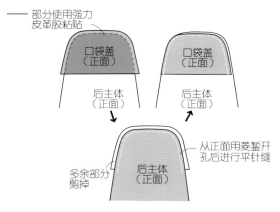

—— 部分使用强力皮革胶粘贴

口袋盖（正面）　　口袋盖（正面）

后主体（正面）　　后主体（正面）

从正面用菱錾开孔后进行平针缝

多余部分剪掉

后主体（正面）

7 缝褶皱

前主体（正面）

对合褶皱进行十字缝（参照P23），这样在前主体与后主体缝合打结时也不会碍事。

※后主体也用同样方法缝纫

8 把前主体与后主体缝合

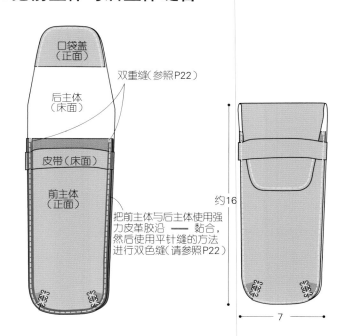

口袋盖（正面）

后主体（床面）

双重缝（参照P22）

皮带（床面）

前主体（正面）

把前主体与后主体使用强力皮革胶沿 —— 黏合，然后使用平针缝的方法进行双色缝（请参照P22）

约16

7

书皮

P38的作品　实物大纸型A面

* **准备物品**　牛皮滑革（1.8mm 厚）：小书皮约 10DS，大书皮约 15DS
　　　　　　主要工具：圆锥、双刃刻刀、棉签

* **成品尺寸**　小书皮约16.5cm×25cm，大书皮约18.5cm×25cm

* **制作方法**　**1 制作纸型**（参照实物大纸型）。**处理床面**（参照P15）

　　　　　　2 先粗裁，再精裁（参照P14）

　　　　　　3 在主体、贴革的床面使用圆锥做出中心线记号

* **制作图**

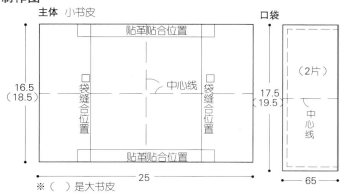

主体　小书皮

贴革贴合位置

口袋缝合位置　中心线　口袋缝合位置

贴革贴合位置

16.5（18.5）

25

※（　）是大书皮

口袋

（2片）

中心线

17.5（19.5）

65

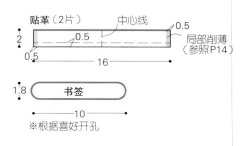

贴革（2片）　中心线　0.5

2　0.5

0.5　　16　　局部削薄（参照P14）

1.8　书签

10

※根据喜好开孔

※使用处理剂处理床面。—— 部分磨边处理

※口袋、贴革、书签的厚度全部削薄至1.2mm（参照P14）。再将贴革的两端局部削薄至0.8mm

● P40 继续

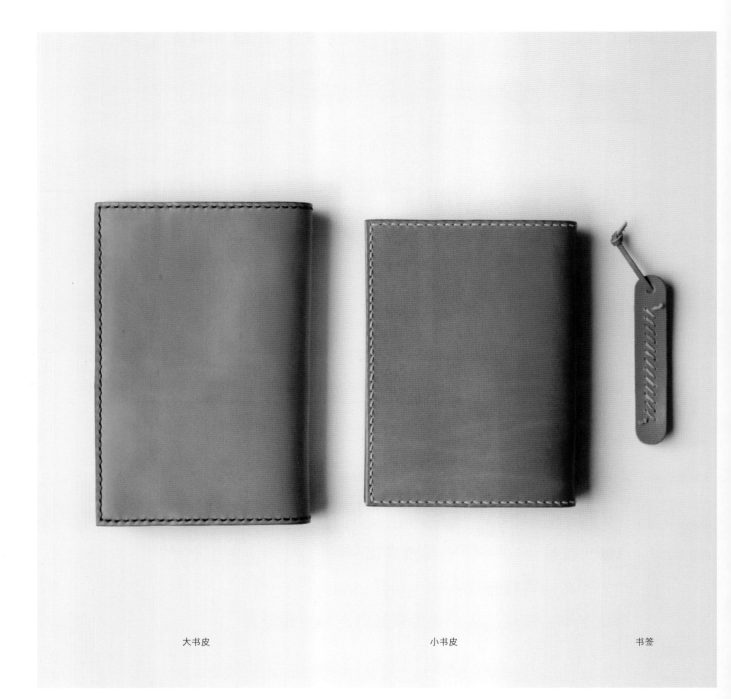

大书皮 小书皮 书签

书皮

在插入封皮的两个口袋之间贴上了贴革，不只增加了厚度，而
且既结实，翻开后又美观。

制作方法见 P37

●继续 P37（书皮）

*纸型图

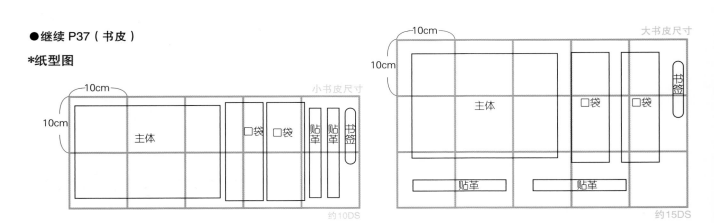

4在主体上缝合贴革

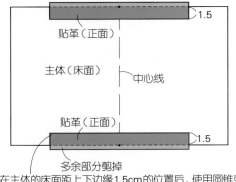

贴在主体的床面距上下边缘1.5cm的位置后，使用圆锥或是铅笔画线，然后遮住线使用强力皮革胶在 —— 部位粘贴贴革

5使用双刃刻刀在主体正面划出缝合线，使用菱錾开孔

使用双刃刻刀在主体正面划出缝合线、使用菱錾开孔

主体（正面）

6在主体上贴合口袋后组装

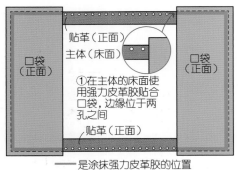

①在主体的床面使用强力皮革胶贴合口袋，边缘位于两孔之间

—— 是涂抹强力皮革胶的位置

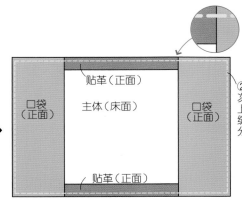

②从主体的正面再次使用菱錾在口袋上开孔后进行平针缝。口袋的多余部分剪掉后磨边

7制作书签

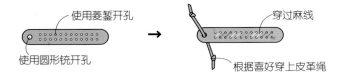

使用菱錾开孔

使用圆形铣开孔

穿过麻线

根据喜好穿上皮革绳

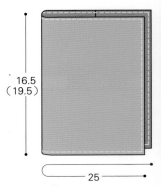

16.5
（19.5）

25

硬币钱包

带盖儿的硬币钱包。使用十字缝的立体设计是其亮点。圆弧的形状比较好拿。磁扣的开合也很方便。

---

* 此作品在练习作品 1 中有详细的制作方法。

制作方法见 P43

练习作品 1

制作硬币钱包

P41 的作品 实物大纸型 A 面

在享受皮革触感的同时来学习平针缝、十字缝及强力皮革胶的使用方法吧。

*   ***准备物品** 　牛皮滑革（1.8mm 厚）：约 6DS

　　　　　　　辅助材料：磁扣（直径 1.2cm）1 组

　　　　　　　主要工具：圆珠笔、裁刀、2 齿錾、7 齿錾、双刃刻刀、锉刀、锥子、棉签

*   ***成品尺寸** 　约 9cm×10.5cm

*制作图
*纸型图

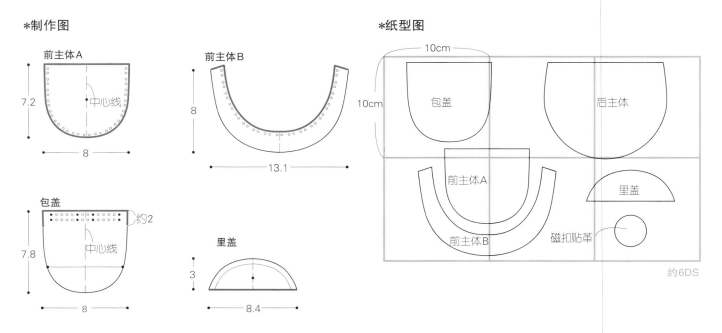

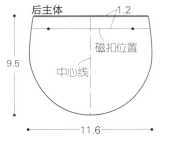

使用处理剂处理床面
━━━ 部分磨边

※里盖和磁扣贴革全部
削薄至1mm（参照P14）

*制作方法

1 制作纸型（参照实物大纸型）

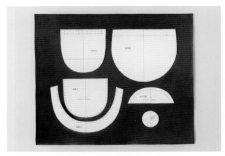

1 制作纸型、参照纸型图放在皮革的正面上。

2 粗裁（参照P14）

2 在精裁线的外侧 5mm 处粗裁。处理床面（参照 P15）。

3 精裁（参照P14）

3 各个配件完成的情形。做出所需要的记号（参照 P26）。

4 磨边（参照P43的制作图及P16）

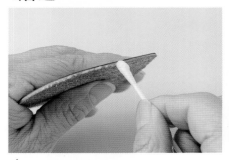

4 用棉签将皮革处理剂涂抹到边上。注意不要溢到皮革正面。

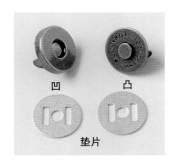

5 在大拇指上缠上布条，用指甲背来回摩擦。翻过来用相同方法处理。

里盖（正面）

磁扣中心

翻过来

（床面）

5 安装磁扣（参照P26）

凹　　凸

垫片

垫片

6 在前主体 A 上安装磁扣凹面，床面上放上垫片，压平磁扣脚。

前主体 A（床面）

7 磁扣贴革上涂上强力皮革胶，贴在前主体 A 床面上的垫片上，盖住垫片。

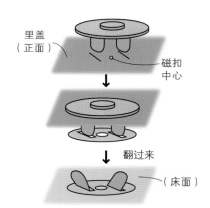

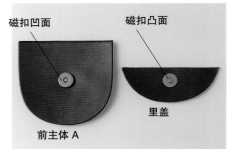

磁扣凹面　　　磁扣凸面

前主体 A　　　里盖

6 使用双刃刻刀划线（参照P17）

使用双刃刻刀划线（3mm 宽）

前主体 A（正面）

前主体 B（正面）

包盖（正面）

8 确认双刃刻刀的宽度后划线。其他的配件也是同样方法。

7 制作包盖

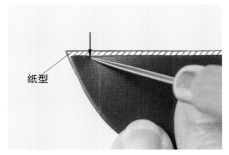

纸型

9 在包盖的边缘使用圆锥做出纸型上的记号。

10 在里盖的贴合位置划线，轻轻地使用锉刀磨出毛面，涂抹强力皮革胶。

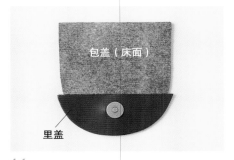

包盖（床面）

里盖

11 在包盖（床面）上贴合里盖。多余部分在缝合后剪掉。

包盖（正面）

在包盖的圆弧边上使用 2 齿錾开孔。缝纫开始的一针和结尾的一针跨过里盖的边缘。

里盖（床面）

12 如左图所示，在包盖缝纫开始和结尾处开孔。

13 沿着双刃刻刀划的线，在弧线上使用 2 齿錾开孔。

14 在包盖上开孔后的情形。

15 包盖上做十字缝之前，先垫上纸型，使用圆锥做记号，然后使用7齿錾开孔。

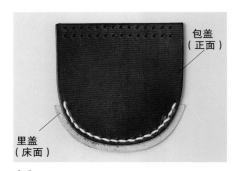

包盖（正面）

里盖（床面）

16 包盖（靠近磁扣处）圆弧边使用平针缝（参照P20）。

8 在后主体上缝合包盖

约1cm

17 在包盖与后主体接合的做十字缝的位置的床面使用裁刀磨出毛面。

包盖

后主体

18 涂抹强力皮革胶，贴合在后主体上。（参照P16）

9 使用十字缝将包盖与后主体缝合

19 在步骤15开的孔上放上菱錾的齿，再次开孔。

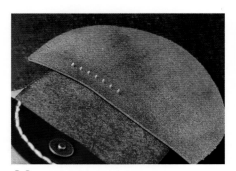

20 在包盖和后主体上开孔后的情形。

十字缝

21 逐步进行十字缝。

22 剪掉包盖的多余部分。

10 对合前主体 A 和前主体 B 缝纫

23 在前主体 B 上垫上纸型，使用圆锥做记号。

24 在弧线的部分使用2齿錾按照记号开孔。

前主体 A

前主体 B

25 在前主体 A、前主体 B 上开孔后的情形。

十字缝（2根针）

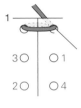

1

3○　○1

2○　○4

2

3○　○1

2○　○4

3

3入　○1入

2○　○4

4

3○　○1

2出　○4出

重复步骤3和4

26 在前主体 B 上重合前主体 A，如图所示，在蓝线标示处进行假缝后，准备针和线进行缝纫（参照P19）。

27 缝纫开始处在边上横向渡线一次，然后进行十字缝（线的交叉处整齐的话比较美观）。

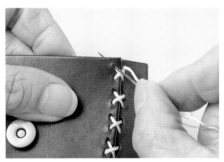

28 缝纫结尾处与缝纫开始处相同，也是在边上横向渡线1根。

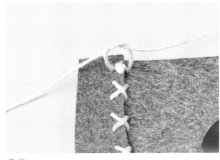

29 2 根针在床面出针。少量涂抹强力皮革胶打结（参照 P21"缝纫结尾 2"）。再一次打结后剪短线头。

30 使用锥子的把手将线按压平整。

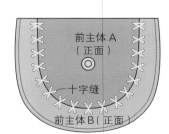

前主体 A（正面）

十字缝

前主体 B（正面）

11 贴合前主体和后主体

31 直线部分使用 7 齿錾开孔。

32 弧线部分使用 2 齿錾开孔。

前主体 B

后主体

33 在前主体 B 的床面上涂抹强力皮革胶，贴合后主体。再一次在开孔处使用 2 齿錾开孔贯穿。后主体较大，这样前主体容易贴合。

34 准备线，开始缝合处跨过包口两次渡线。

12 平针缝缝合前主体和后主体

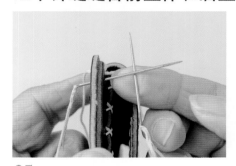

35 左针从左侧向右侧穿针，右针如图所示呈十字状与左针交叉。使用拇指和食指按住十字的中心位置。

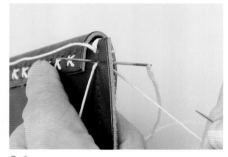

36 将左针向右侧拔出，右针穿入相同针孔。这时注意针不要挑到线。

37 捏住针，拉线勒紧。

38 继续缝到剩下 3 个针孔。

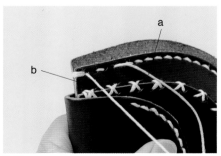

39 右侧的 a 暂停。使用左针 b 双面缝。包口和开始时相同，跨过包口两次渡线，双面缝返回（参照 P20、21）。

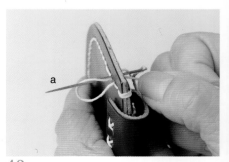

40 右针 a 与 b 穿过相同针孔。把左侧的线圈在针尖上绕一圈，然后在线上涂抹少量强力皮革胶后拉线。

41 使用圆锥斜向穿到前一针孔中，拔出圆锥，穿过针，从后侧出来（参照 P21）。

42 剪断线头，在线头上涂抹强力皮革胶，然后使用锥子的把手按压平整。

43 剪掉后主体的多余部分。

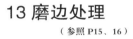

13 磨边处理

（参照 P15、16）

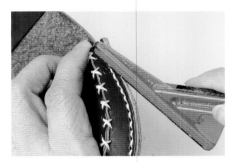

44 使用锉刀打磨边缘，涂抹处理剂打磨。

完成

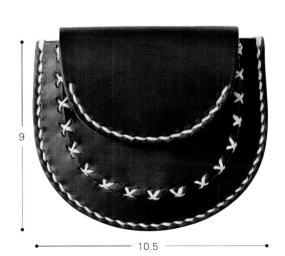

9

10.5

盒子

使用两种颜色的线进行十字缝来装饰边缘的简单的盒子。圆润
的弧线勾勒出皮革的本色。制作出各种大小的，可以像套娃一
样放置，也是其乐趣之一。

制作方法见 P52

盒子 ─────────────

P50的作品　实物大纸型（小盒：A面；大盒、中盒：B面）

*准备物品　　牛皮滑革（2.2mm厚）：大盒12DS、中盒10DS、小盒6DS

*成品尺寸　　大盒 10cm×9.5cm×9.5cm、中盒 8cm×7.5cm×7.5cm、小盒 6cm×5.5cm×5.5cm

*制作方法（通用）

1制作纸型（参照实物大纸型）。处理床面（参照P15）

2先粗裁，后精裁（参照P14）　　　3制作图中标示───的部分磨边（参照P15、16）

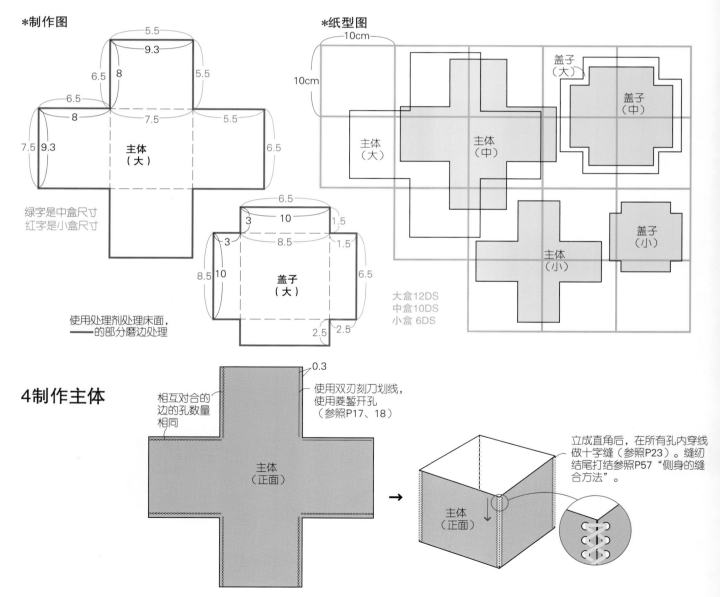

*制作图

绿字是中盒尺寸
红字是小盒尺寸

主体（大）

5.5　9.3　6.5　8　6.5　8　5.5　7.5　5.5　7.5　9.3　6.5

使用处理剂处理床面，
───的部分磨边处理

盖子（大）

6.5　3　10　1.5　3　8.5　1.5　8.5　10　6.5　2.5　2.5

*纸型图

10cm　10cm

主体（大）　主体（中）　盖子（大）　盖子（中）

主体（小）　盖子（小）

大盒12DS
中盒10DS
小盒 6DS

4制作主体

相互对合的边的孔数量相同

0.3

使用双刃刻刀划线，使用菱錾开孔（参照P17、18）

主体（正面）

→

主体（正面）

立成直角后，在所有孔内穿线做十字缝（参照P23）。缝纫结尾打结参照P57"侧身的缝合方法"。

5 制作盖子

※ 盖子的四周也缝线，开孔数为偶数

盖子（正面）　→　盖子（正面）

开始缝纫时横
向渡线一次

对合盒盖角从盖口
开始十字缝

四周也做
十字缝

盖子的缝合方法

盖子的角从边缘开始缝合。开始时在旁边横向渡线 1 根，然后在所有的孔内穿线进行
十字缝（参照 P23）。把针上的线调整均匀后开始缝纫四周。

1 角缝纫结束后在正面打结两次（参照 P57）。
涂抹强力皮革胶进行处理。

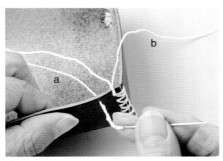

2 b 针暂停，使用 a 针每隔 1 孔穿线。

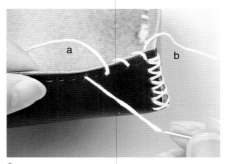

3 四周入针的方向一致，a、b 交错进行。

4 到了角处，a 从正面出针，在侧面横向渡线一次
后在床面出针。b 在床面渡线。

5 使用 b 每隔 1 孔穿线。然后重复步骤 3 和 4，
在角处将 a、b 依次渡线。

6 角处均横向渡线进行缝纫。缝纫一周的情形。

7 缝纫结尾时按和步骤 1 相同的方法收尾。角处
横向渡线两次。

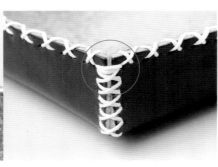

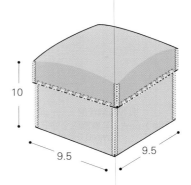

10

9.5　9.5

小肩包

以横向缝、十字缝为亮点的小肩包，看起来更有收容能力，钱包、硬币包全部可以放在里面。肩带可以根据喜好调整成喜欢的长度。

制作方法见 P56

小肩包

P54 的作品　实物大纸型 B 面

＊准备物品　牛皮滑革（2.2mm 厚）：约 16DS
　　　　　　　主要工具：双刃刻刀、菱錾、圆锥、棉签

＊成品尺寸　约12.25cm×18.6cm×4cm

＊制作方法

1 制作纸型（参照实物大纸型）。**处理床面**（参照P15）

2 先粗裁，再精裁，然后磨边（参照P14~16）

3 制作图标示——的部分磨边

4 在正面使用圆锥做出纸型上的圆点记号（参照P26）

＊制作图　　　　　　　　　　　　　　　　　　　　　**＊纸型图**

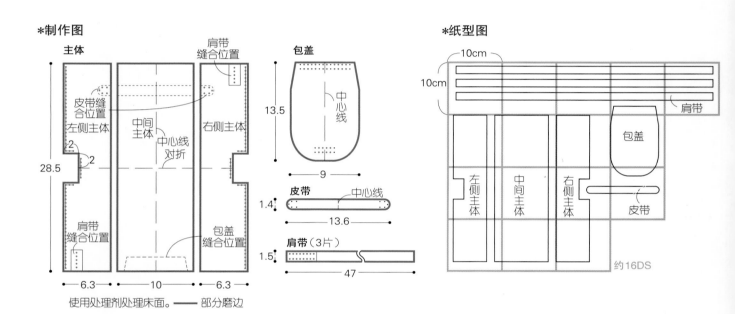

使用处理剂处理床面。—— 部分磨边

5 制作主体

①用双刃刻刀在主体上划线，用菱錾开孔，然后使用2根针进行横向缝（参照P23）

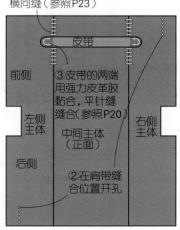

③皮带的两端用强力皮革胶黏合，平针缝缝合（参照P20）

②在肩带缝合位置开孔

6 制作包盖、缝合到主体上

开装饰孔后进行十字缝（参照P23）

使用强力皮革胶把包盖粘贴到中间主体上，开孔后进行十字缝

—— 是涂抹强力皮革胶的位置

7 缝合侧身

①中心线进行十字缝

②侧身底部进行横向缝合

侧身的缝合方法

1 侧身使用 2 根针进行横向缝纫。

2 缝纫结尾时在正面打结两次。

3 从角处缝隙入针（2 根都是），从床面出针。

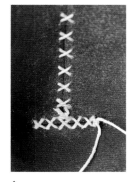

4 两次打的结拉到床面。

5 涂抹强力皮革胶处理平整。

8 制作肩带缝合到主体上

（正面）

4.5   4.5

调整长度，根据需要剪裁，在两端涂抹强力皮革胶，粘贴到缝合位置，使用圆锥一边开孔一边缝纫

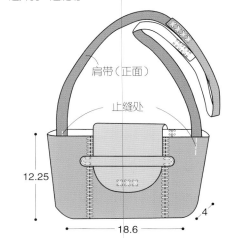

肩带（正面）

止缝处

12.25

18.6

4

●接续 P30（工具护套）

*制作图 锉刀护套

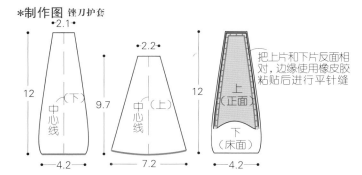

- 2.1
- 12
- 4.2
- 中心线
- 中（下）

- 2.2
- 9.7
- 7.2
- 中心线
- 中（上）

- 12
- 4.2
- 上（正面）
- 下（床面）

把上片和下片反面相对，边缘使用橡皮胶粘贴后进行平针缝

*制作图 双刃刻刀护套

- 13.8
- 褶皱
- 中心线
- 13.9
- 11.4

画圈的部分不开孔

- 对折
- 13.9
- 5.4

①对合褶皱，使用 1 根针进行横向缝（参照P23）

②反面相对对折，边缘使用橡皮胶贴合后进行平针缝

*纸型图

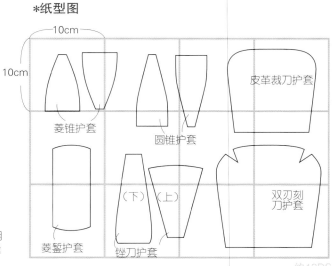

- 10cm
- 10cm
- 菱锥护套
- 圆锥护套
- 皮革裁刀护套
- （下）（上）
- 菱錾护套
- 锉刀护套
- 双刃刻刀护套

约12DS

使用处理剂处理床面。—— 部分磨边处理
—— 是橡皮胶涂抹的位置

大提包

外观简约却用料奢侈的大提包。侧身的缝合稍微有点难度，但为了能够长期使用，所以采取了没有角的制作方法。是一款历时愈久而魅力愈增的包。

* 此作品在练习作品 2 中有详细的制作方法。　　　　制作方法见 P60

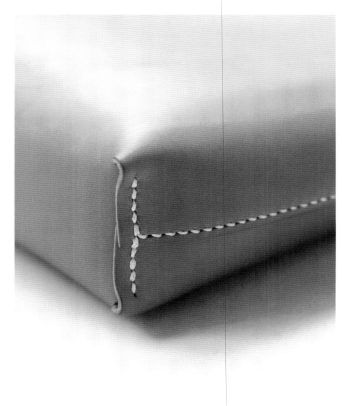

练习作品 2

制作大提包

P58 的作品　实物大纸型 A 面

新手也很容易制作的大提包。

*准备物品　牛皮滑革（2.2mm 厚）：约 59DS

辅助材料：D 形环（21mm）、四合扣 5 号（4 组）

主要工具：圆形铳 10 号（3mm）、18 号（5.4mm），四合扣铳 5 号，
万用环状台，圆珠笔（或 2B 铅笔），软木板（或 kt 板等），尺子，
夹子，棉签，锉刀，裁刀，圆锥，菱錾

*成品尺寸　约 25.5cm×33cm×5cm

*制作方法

1 制作纸型（参照实物大纸型）。**粗裁后处理床面**（参照P14、15）

2 精裁（参照P14）

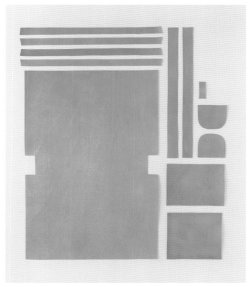

精裁后的情形

3 制作图中标示 ——— 的部分磨边（参照P15、16）

4 在主体上做记号

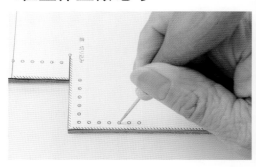

1 在主体的正面放上纸型。使用圆锥在侧身的位置做开
孔记号。

*制作图

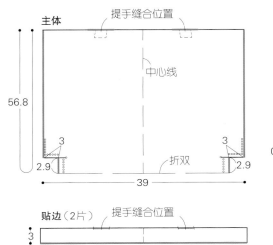

主体

提手缝合位置

中心线

56.8

3   3

2.9   2.9

折双

39

后口袋

14

中心线

16

前口袋

12.2

中心线

褶皱

16.8

舌片（2片）

7.2   0.7

8.4

D形环带

5

2

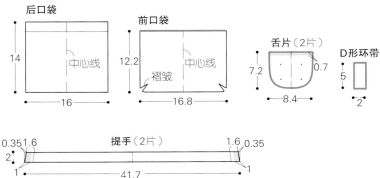

贴边（2片）

提手缝合位置

3

40

提手（2片）

0.35 1.6   1.6 0.35

2   2

1   41.7   1

使用处理剂处理提手以外的床面
━━ 部分磨边（提手缝合位置比记号稍宽）
━━ 部分磨边（参照P15、16）
贴边、前后口袋的厚度是1.3mm，D形环带全部削薄至1.5mm（参照P14）
提手、舌片局部削薄至1.5mm

*纸型图

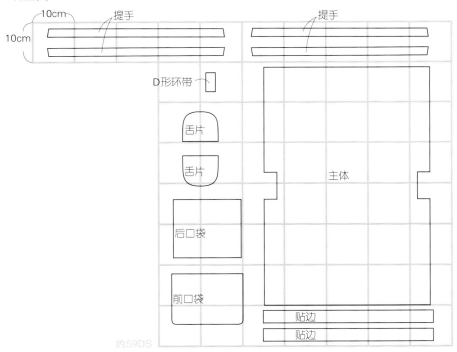

10cm   提手   提手

10cm

D形环带

舌片

舌片

主体

后口袋

前口袋

贴边

贴边

约59DS

2 在主体的床面上放上纸型，用圆锥在提手缝合的位置做记号。

3 不容易看到的地方（贴上贴边后遮盖的部分）使用圆珠笔或2B铅笔做记号。

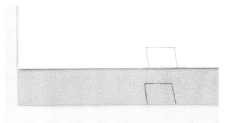

4 誊画纸型记号后的情形。

5 制作提手

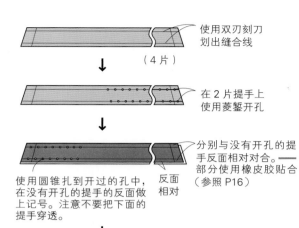

使用双刃刻刀划出缝合线

（4 片）

在 2 片提手上使用菱錾开孔

分别与没有开孔的提手反面相对对合。一部分使用橡皮胶贴合（参照 P16）

使用圆锥扎到开过的孔中，在没有开孔的提手的反面做上记号。注意不要把下面的提手穿透。

反面相对

缝到主体上的部分

缝合

磨边（参照 P15、16）

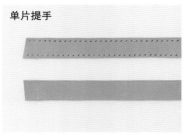

单片提手

5 在提手上使用双刃刻刀划出缝线（宽 3mm）。在其中 2 片上使用菱錾开孔。

6 利用橡胶板或桌子边等，在提手上涂抹强力皮革胶。（参照 P16）

7 橡皮胶半干时，把两片提手反面相对对合。

8 间隔几个孔用圆锥扎刺，在下面那片提手的反面做好记号翻过来。

9 使用菱錾在上面一片（皮革）上开孔。注意使用适当的力度，以免扎透下面那片皮革的正面。

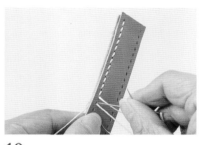

10 准备线进行平针缝。缝纫结尾打结（参照 P21）收尾，并磨边处理。

6 在舌片上安装四合扣（参照 P25）

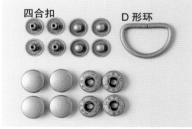

四合扣　　　　　　D 形环

11 在舌片的正面放上纸型。使用圆锥在四合扣安装的位置开孔（2 片都要开）。

舌片 2 片

四合扣孔（4 处）

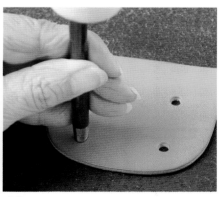

12 使用圆形铣开孔（2 片共 8 处），安装四合扣。

舌片（正面）

（下）　（上）

四合扣（凸）　四合扣（凹）

※ 对合凹扣和凸扣的位置

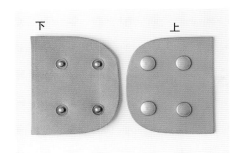

下　　　　　上

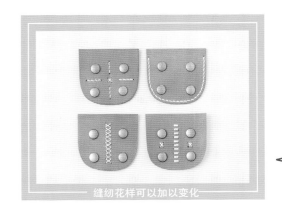

稍微加上点缝纫花样，就会变成独创的可爱作品。

缝纫花样可以加以变化

13 在舌片上安装四合扣后的情形。

7制作口袋，贴合贴边

14 在前口袋的正面放上纸型，使用圆锥做记号，使用尺子划线。

15 褶皱线使用皮革裁刀裁断（参照P13），磨边。

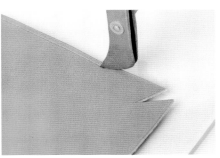

16 使用双刃刻刀划出缝纫线（参照P17）。

17 在褶皱线上使用2齿錾开3个孔后，再于侧边和底部开孔。

18 然后进行十字缝。缝纫结尾打结后涂抹强力皮革胶收尾。

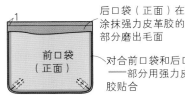

后口袋（正面）在涂抹强力皮革胶的部分磨出毛面

前口袋（正面）

对合前袋和后袋。
——部分用强力皮革胶贴合

19 在前口袋的侧边和底部涂抹强力皮革胶，与后口袋贴合。

20 在没有穿过线的部分放上菱錾，再一次开孔。

21 在缝纫开始和缝纫结尾进行双重缝，侧边和底部进行平针缝后，剪掉后口袋的多余部分。

22 在后口袋上使用圆锥划出贴边缝合线。

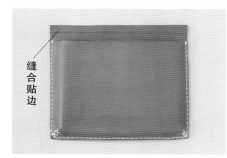

缝合贴边

23 贴边缝合线的外侧（贴边缝合位置）使用锉刀稍微磨出毛面。

24 涂抹强力皮革胶贴合贴边一侧后开孔。

D形环带

2.5　1.5

D形环

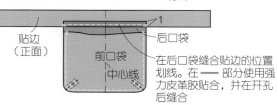

贴边（正面）

后口袋

前口袋

中心线

1

在后口袋缝合贴边的位置划线。在 ── 部分使用强力皮革胶贴合，并在开孔后缝合

25 在后口袋缝合贴边的位置划线。在贴边标示绿色的部分使用强力皮革胶贴合，并在开孔后缝合。

8在主体上缝合提手，贴合贴边

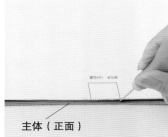

主体（正面）

26 在主体的正面放上纸型，然后在提手缝合位置使用圆锥尽可能地在边端做记号。

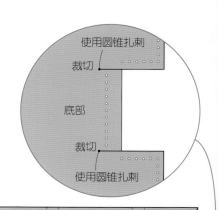

使用圆锥扎刺

裁切

底部

裁切

使用圆锥扎刺

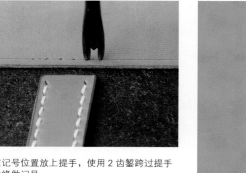

27 在记号位置放上提手，使用2齿錾跨过提手边缘做记号。

★

29 在主体的周围开孔。前主体和后主体侧边的开孔数量相同（★）。

前主体（正面）

★　　★

底部（正面）

★　　★

后主体（正面）

相同记号处开孔数量相同

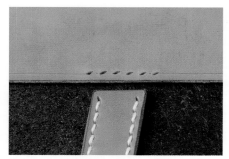

28 在主体上开孔。其他3处也用同样方法开孔。

30 把床面的提手缝合位置使用裁刀磨出毛面。提手上相应的位置使用锉刀轻轻地磨出毛面。

31 在主体和提手的贴合面都涂抹橡皮胶，半干燥的时候对合。

32 使用夹子等固定，待其干燥。

33 使用圆锥穿过步骤28开的孔，扎刺到提手上。

34 准备稍长的线，把在步骤33扎刺的孔用平针缝缝合。

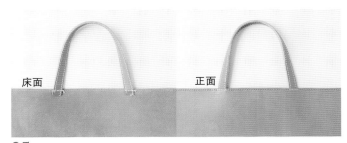

床面　　　　　正面

35 在主体上缝合提手的情形。

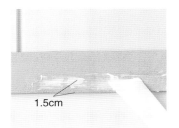

1.5cm

36 在贴边正面使用双刃刻刀划线后，在床面距边缘1.5cm宽的部分涂抹强力皮革胶。

里侧

37 在主体的床面包口位置贴合贴边。

里侧

38 与步骤33相同，使用圆锥扎刺针孔，扎到里侧的贴边上。

39 在提手之外的部分，使用菱錾穿透贴边开孔。

> 可以根据使用方法改变位置，根据喜好缝纫出各种线迹。

9在主体上缝合舌片、D形环

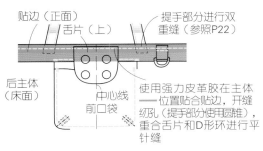

贴边（正面）
舌片（上）
提手部分进行双重缝（参照P22）
后主体（床面）
中心线
前口袋
使用强力皮革胶在主体位置贴合贴边，开缝纫孔（提手部分使用圆锥），重合舌片和D形环进行平针缝

40 舌片缝合位置、D形环缝合位置使用锉刀打出毛面，使用强力皮革胶贴合。

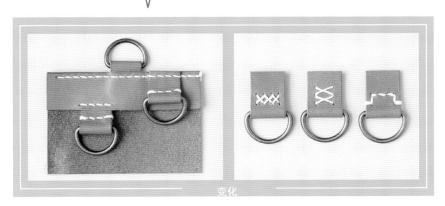

变化

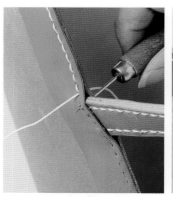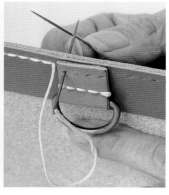

41 提手部分使用圆锥，舌片和D形环部分使用菱锥（或圆锥），开孔进行平针缝。

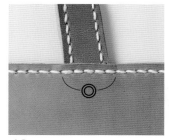

42 提手的受力（◎）部分使用双重缝，会比较结实。

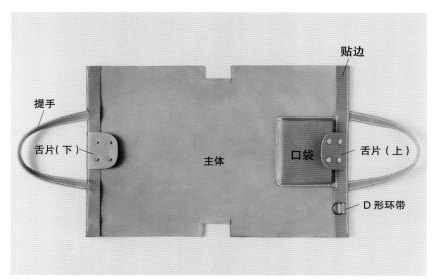

提手

舌片（下）

主体

口袋

贴边

舌片（上）

D形环带

44 主体上缝合了各个部分后的情形。

45 包口的边使用锉刀打磨整理，涂抹处理剂后磨边（参照P15、16）。

10缝合主体的侧身

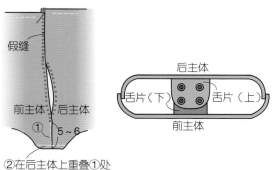

假缝

前主体　后主体

①

5~6

②在后主体上重叠①处缝合、底部的侧身即②处用回针缝缝合，剩下的侧边一直缝合到上面

后主体

舌片（下）　舌片（上）

前主体

46 因为不能粘贴，所以将前、后主体的舌片合上后，进行几处假缝。

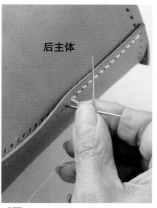

后主体

47 从底部进行平针缝5~6cm。不全部缝合是为了避免底部侧身进行回针缝时手够不到。

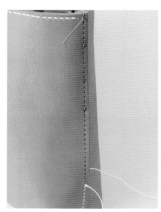

48 原样放置针和线。

49 另外准备一根针和线（约 60cm），从第 2 个针孔出针用回针缝缝合底部侧身。

 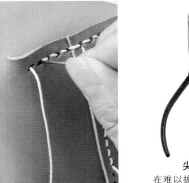

50 完成前进的回针缝的情形（正面）。继续使用回针缝返回到上一针缝纫开始处。

尖嘴钳
在难以拔针时使用比较方便。老虎钳也可以。

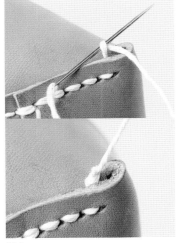  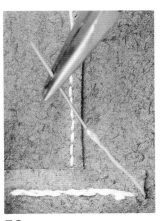 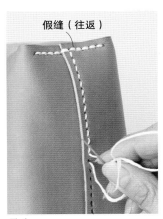

假缝（往返）

51 缝纫结尾处在缝隙出针，在针上绕线两次后打结。

52 从缝隙处把针和线返回到床面。

53 拔出针，把结拉到床面，涂抹强力皮革胶收尾。

54 使用在步骤 48 暂停的针和线，平针缝缝合剩下的侧边。

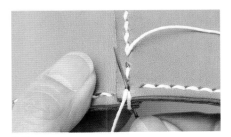 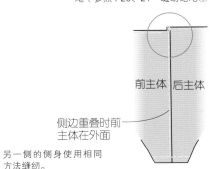

55 缝合到剩下 3 个孔时，使用 1 根针缝纫。

56 包口处渡线两次。缝纫结尾使用不打结收尾（参照 P20、21 "缝纫结尾①"）。

完成

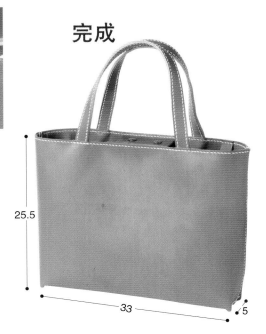

25.5

33

5

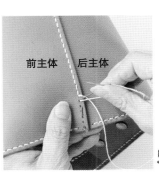

前主体　后主体

前主体　后主体

侧边重叠时前主体在外面

57 另一侧的侧身使用相同方法缝纫。

相框

使用厚皮革制作、结实且能够立起的相框。内部使用了猪白革，使其更有韧性，也使得相片或卡片在进出时更加顺畅。

制作方法见 P70

相框

P68 的作品　实物大纸型 B 面

*准备物品　牛皮滑革（2.2mm 厚）：约 16DS；
　　　　　　猪白革：约 8DS
　　　　　　主要工具：双刃刻刀、菱锥、菱錾、棉签

*成品尺寸　约 17cm×30cm

*制作方法

1 制作纸型（参照实物大纸型）。**处理床面**（参照P15）
2 先粗裁，后精裁，再磨边（参照P14~16）

*制作图

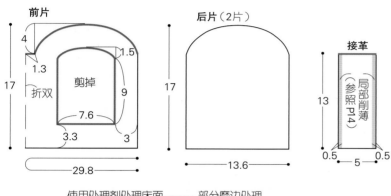

使用处理剂处理床面。—— 部分磨边处理
※接革部分全部削薄至1.5mm（参照P14）。
前后片的侧边局部削薄至1mm

*纸型图

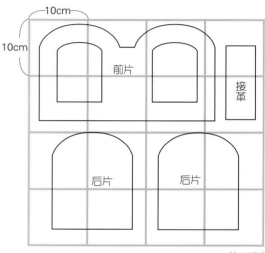

约16DS

3 在前片划线，然后开孔（参照P17）

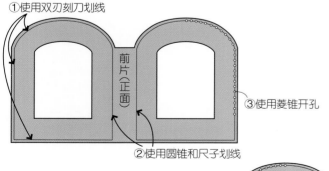

①使用双刃刻刀划线
②使用圆锥和尺子划线
③使用菱锥开孔

4 在后片的床面用强力皮革胶贴合猪白革，多余部分剪掉。使用双刃刻刀划线后，用菱锥开出与前片相同数量的孔

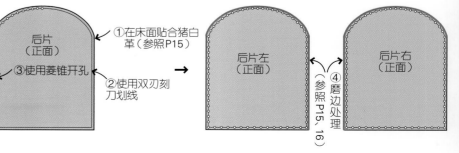

①在床面贴合猪白革（参照P15）
②使用双刃刻刀划线
③使用菱锥开孔
④磨边处理（参照P15、16）

5缝纫前片、后片的入口部分

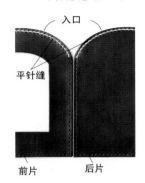

平针缝（参照P20）

入口

平针缝

前片　后片

6在前片粘贴接革

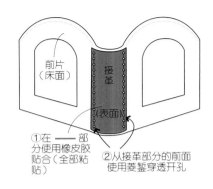

前片（床面）

接革

（表面）

①在 —— 部分使用橡皮胶贴合（全部粘贴）

②从接革部分的前面使用菱錾穿透开孔

向内侧弯出弧度粘贴。

7粘贴缝纫前片与后片

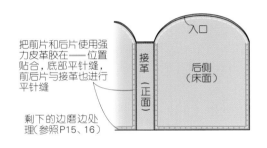

把前片和后片使用强力皮革胶在 —— 位置贴合，底部平针缝，前后片与接革也进行平针缝

剩下的边磨边处理（参照P15、16）

入口

接革（正面）

后侧（床面）

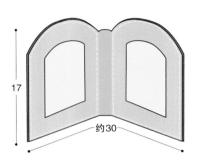

17

约30

钱包

P72 的作品　实物大纸型 A 面

*准备物品　牛皮滑革（2mm 厚）：约 16DS
辅助材料：14cm 长的拉链、四合扣（#8050）2 组
主要工具：圆形铣 18 号（5.4mm）、25 号（7.5mm），四合扣铳（#8050），万用环状台，棉签

*成品尺寸　约 9.5cm × 18cm

*制作方法

1 制作纸型（参照实物大纸型）。处理床面（参照P15）

2 先粗裁，再精裁（参照P14）

3 在正面使用圆锥制作出纸型的圆点记号（参照P26）

4 在主体上使用双刃刻刀划线，使用菱錾开孔（参照P17、18）

● P74 继续

钱包

设计简单又兼备实用功能的钱包。
为使包盖开合时不容易出褶，在里盖四周涂上胶，中间部分不
要与包盖粘在一起，这种方法称为"浮贴"。

制作方法见 P71

●接续 P71（钱包）

*制作图

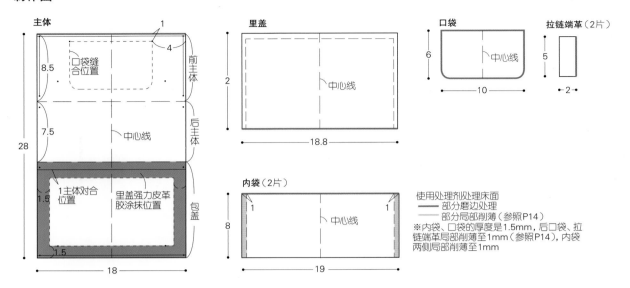

主体

1
4
8.5　口袋缝合位置
前主体
7.5　中心线
后主体
28
18
1主体对合位置
里盖强力皮革胶涂抹位置
包盖
1.5
1.5

里盖

2
中心线
18.8

口袋

6
中心线
10

拉链端革（2片）

5
2

内袋（2片）

1
1
8
中心线
19

使用处理剂处理床面
—— 部分磨边处理
—— 部分局部削薄（参照P14）
※内袋、口袋的厚度是1.5mm，后口袋、拉链端革局部削薄至1mm（参照P14），内袋两侧局部削薄至1mm

*纸型图

10cm
10cm
主体
里盖
内袋
内袋
口袋
拉链端革

约16DS

5在主体前侧贴上口袋（参照P16）

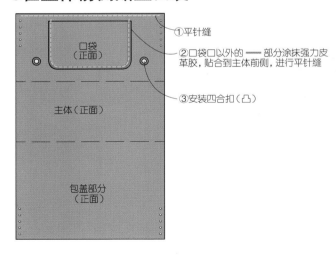

口袋（正面）
主体（正面）
包盖部分（正面）

①平针缝
②口袋口以外的 —— 部分涂抹强力皮革胶，贴合到主体前侧，进行平针缝
③安装四合扣（凸）

6在主体的包盖部分贴合里盖

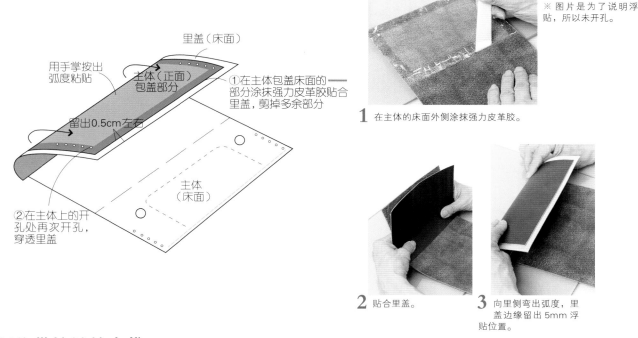

里盖（床面）

用手掌按出弧度粘贴

主体（正面）包盖部分

①在主体包盖床面的——部分涂抹强力皮革胶贴合里盖，剪掉多余部分

留出0.5cm左右

②在主体上的开孔处再次开孔，穿透里盖

主体（床面）

※ 图片是为了说明浮贴，所以未开孔。

1 在主体的床面外侧涂抹强力皮革胶。

2 贴合里盖。

3 向里侧弯出弧度，里盖边缘留出 5mm 浮贴位置。

7制作带拉链的内袋（拉链的缝合方法参照P26）

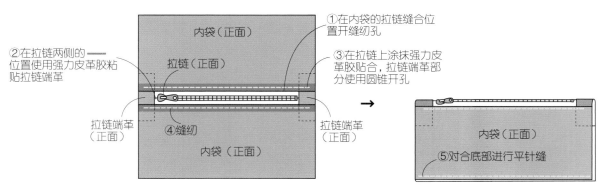

内袋（正面）

①在内袋的拉链缝合位置开缝纫孔

②在拉链两侧的——位置使用强力皮革胶粘贴拉链端革

拉链（正面）

③在拉链上涂抹强力皮革胶贴合，拉链端革部分使用圆锥开孔

拉链端革（正面）

④缝纫

拉链端革（正面）

内袋（正面）

内袋（正面）

⑤对合底部进行平针缝

8在主体上贴合内袋，缝纫周边

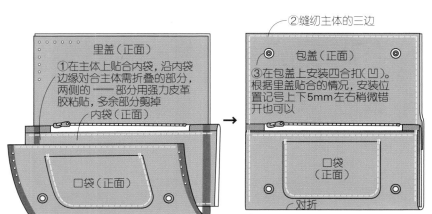

里盖（正面）

①在主体上贴合内袋，沿内袋边缘对合主体需折叠的部分，两侧的——部分用强力皮革胶粘贴，多余部分剪掉

内袋（正面）

口袋（正面）

②缝纫主体的三边

包盖（正面）

③在包盖上安装四合扣（凹）。根据里盖贴合的情况，安装位置记号上下5mm左右稍微错开也可以

口袋（正面）

对折

④全体磨边收尾（参照P15、16）

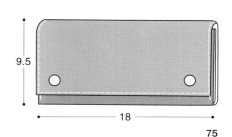

9.5

18

肩包

使用压花皮革制作、设计经典的肩包。开口较大，装取物品时比较方便。采用压花皮革，即使有了划痕也不明显，比较耐用。

制作方法见 P78

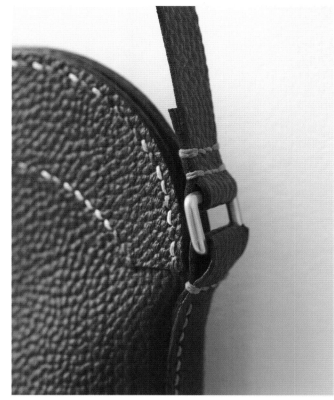

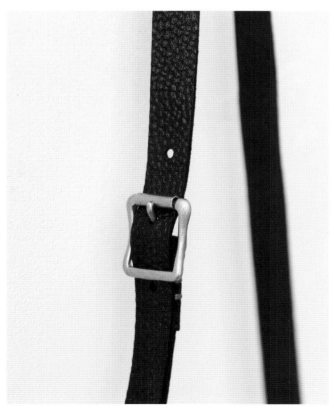

肩包

P76 的作品 实物大纸型 B 面

*准备物品

牛皮滑革（2.2mm 厚）：约 40DS
辅助材料：磁扣（直径 18mm）1 组、日形环（21mm）
　　　　　1 个、口形环（24mm）2 个
主要工具：圆形铳 15 号（4.5mm）、皮革用染料、棉签、
橡胶板、圆锥、菱錾

*成品尺寸 约 19.5cm×23cm×9.5cm

*制作方法

1 制作纸型（参照实物大纸型）。粗裁后处理
　　床面（参照P14、15）
2 精裁（参照P14）
3 在制作图的——部分染色后磨边
　　（参照P15、16）

*制作图

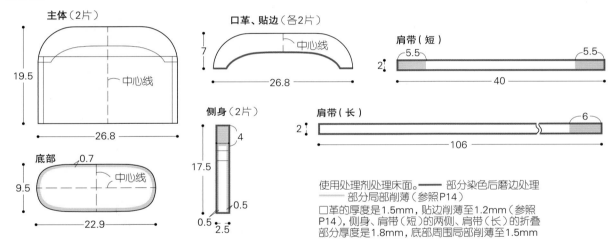

使用处理剂处理床面。—— 部分染色后磨边处理
—— 部分局部削薄（参照P14）
口革的厚度是1.5mm，贴边削薄至1.2mm（参照
P14），侧身、肩带（短）的两侧、肩带（长）的折叠
部分厚度是1.8mm，底部周围局部削薄至1.5mm

*纸型图

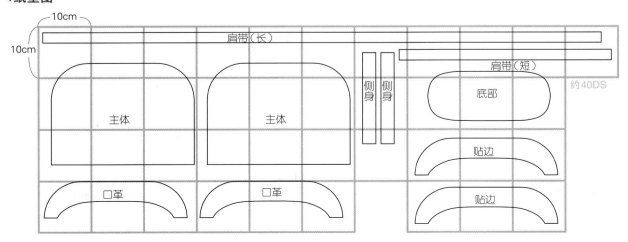

4 把口革和贴边贴合到主体上（参照P16）

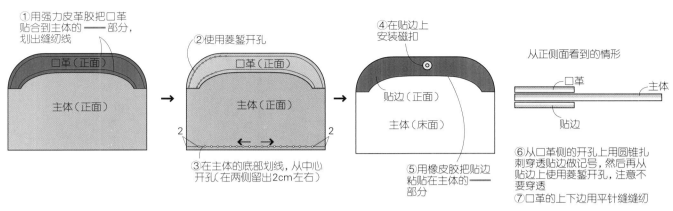

①用强力皮革胶把口革贴合到主体的──部分，划出缝纫线

②使用菱錾开孔

口革（正面）

主体（正面）

2　　　　2

③在主体的底部划线，从中心开孔（在两侧留出2cm左右）

④在贴边上安装磁扣

贴边（正面）

主体（床面）

⑤用橡皮胶把贴边粘贴在主体的──部分

从正侧面看到的情形

口革　　主体

贴边

⑥从口革侧的开孔上用圆锥扎刺穿透贴边做记号，然后再从贴边上使用菱錾开孔，注意不要穿透
⑦口革的上下边用平针缝缝纫

5 在侧身上安装口形环

口形环（正面）

侧身（正面）

口形环缝合位置穿过口形环进行平针缝（参照P24）

6 在主体上缝合侧身，折叠

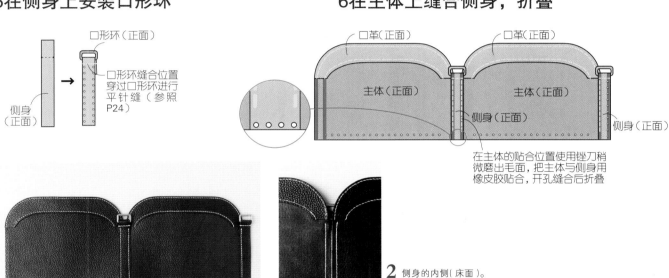

口革（正面）　　　口革（正面）

主体（正面）　　　主体（正面）

侧身（正面）　　　侧身（正面）

在主体的贴合位置使用锉刀稍微磨出毛面，把主体与侧身用橡皮胶贴合，开孔缝合后折叠

1 在主体上缝合侧身的情形。

3 使用橡皮胶贴合侧身后完成包的大致形状。

4 在主体与侧身缝合部位之下垫上橡胶板，用菱錾开孔。

2 侧身的内侧（床面）。按照粘贴线贴合的话，从反面看，左右主体之间有一个狭长的缝隙。

5 从入口处开始，始缝处进行双重缝（参照P22）后再做平针缝。

6 主体与侧身缝合后的情形。

7缝合底部

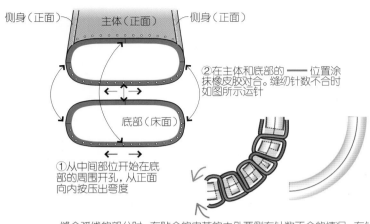

侧身（正面）　主体（正面）　侧身（正面）

②在主体和底部的 —— 位置涂
抹橡皮胶对合。缝纫针数不合时
如图所示运针

底部（床面）

①从中间部位开始在底
部的周围开孔，从正面
向内按压出弯度

缝合弧线的部分时，在贴合的皮革的内外两侧有针数不合的情况，在针
数不合的地方，内侧针距调小，外侧针正常缝纫。

1 在底部开孔后，把与主体贴合的部分折弯。

2 在底部和主体的贴合部位涂抹橡皮胶，以箭
头和双手所示的四处为基点，全部粘贴，然
后用平针缝缝合。

8制作肩带（参照P24）

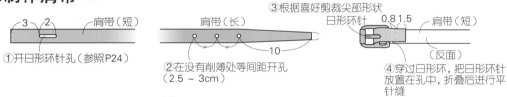

3　2　肩带（短）

①开日形环针孔（参照P24）

肩带（长）

②在没有削薄处等间距开孔
（2.5 ~ 3cm）

③根据喜好剪裁尖部形状
日形环针　0.8 1.5　肩带（短）
（反面）

④穿过日形环，把日形环针
放置在孔中，折叠后进行平
针缝

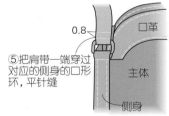

0.8　口革

⑤把肩带一端穿过
对应的侧身的口形
环，平针缝

主体

侧身

⑥剩下的边的部分磨边处理后完成（参照P15、16）

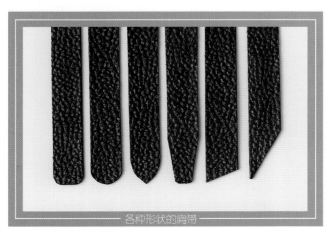

各种形状的肩带

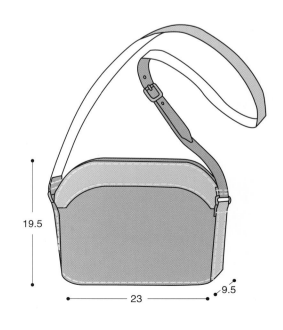

19.5

23　9.5

典雅大提包

带有金属配件的包盖是设计的重点。能够装入 A4 尺寸的文件和杂志。因为设计简单，线的颜色发生变化，包的气质也会发生变化。

制作方法见 P84

有使用一种线缝制的气质清新的包款，也有根据配件改变线的颜色、体现线的色彩变化的包款。相同形状的包，气质也会发生这么大的变化。

典雅大提包

P81 的作品　实物大纸型 B 面

*准备物品　牛皮滑革（2.2mm 厚）：约 76DS
　　　　　　辅助材料：提手芯（直径 8mm，长 59cm）2 根、金属扣
　　　　　　主要工具：圆形铳 10 号（3mm）、铆钉铳（小）、万用环状台、菱錾、
　　　　　　圆锥、锤子、尖嘴钳、皮革染料、棉签、橡皮胶

*成品尺寸　23cm × 35cm × 11cm

*制作方法

1 制作纸型（参照实物大纸型）。粗裁后处理床面（参照P14、15）

2 精裁（参照P14）

3 制作图中——部分染色后磨边（参照P15、16）

*制作图

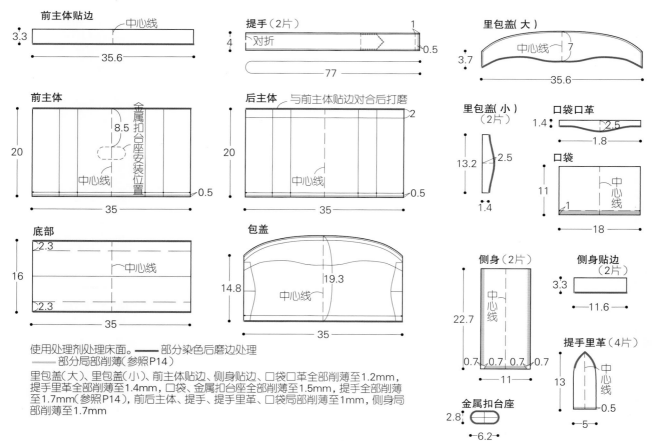

使用处理剂处理床面。——部分染色后磨边处理
—— 部分局部削薄（参照P14）

里包盖（大）、里包盖（小）、前主体贴边、侧身贴边、口袋口革全部削薄至 1.2mm，
提手里革全部削薄至 1.4mm，口袋、金属扣台座全部削薄至 1.5mm、提手全部削薄
至 1.7mm（参照P14），前后主体、提手、提手里革、口袋局部削薄至 1mm，侧身局
部削薄至 1.7mm

*纸型图

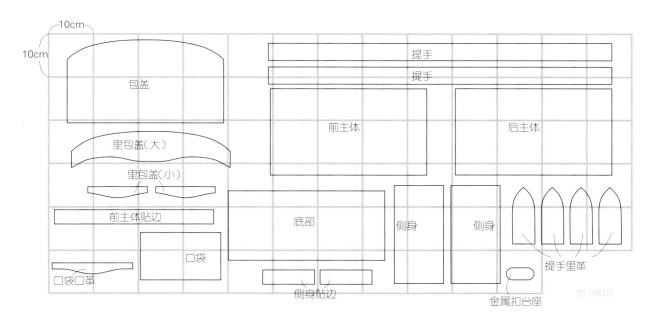

4制作提手

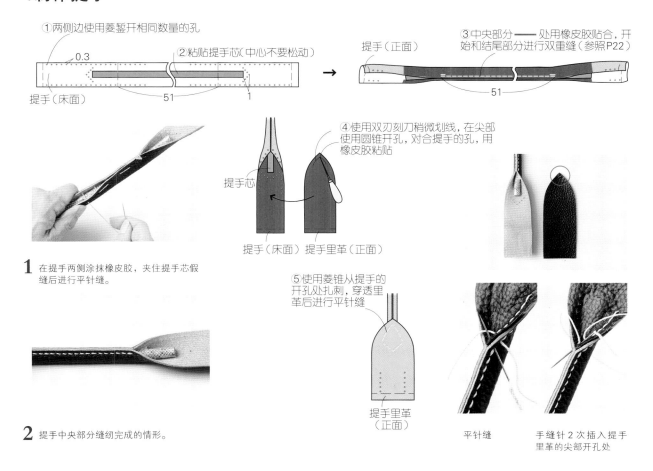

①两侧边使用菱錾开相同数量的孔

0.3

②粘贴提手芯(中心不要松动)

提手（床面）

51   1

③中央部分 —— 处用橡皮胶贴合，开始和结尾部分进行双重缝（参照P22）

提手（正面）

51

④使用双刃刻刀稍微划线，在尖部使用圆锥开孔，对合提手的孔，用橡皮胶粘贴

提手芯

提手（床面） 提手里革（正面）

1 在提手两侧涂抹橡皮胶，夹住提手芯假缝后进行平针缝。

2 提手中央部分缝纫完成的情形。

⑤使用菱锥从提手的开孔处扎刺，穿透里革后进行平针缝

提手里革（正面）

平针缝

手缝针 2 次插入提手里革的尖部开孔处

85

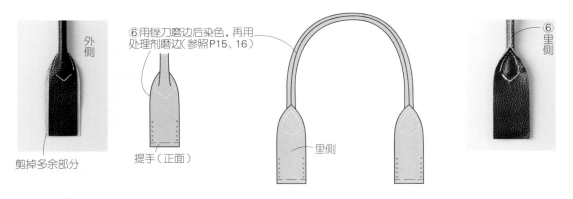

外侧

⑥用锉刀磨边后染色，再用
处理剂磨边（参照P15、16）

⑥里侧

里侧

剪掉多余部分

提手（正面）

里侧

5在前主体、侧身上贴合贴边，包盖上贴合里包盖（大）、里包盖（小），剪掉多余部分（参照P16）

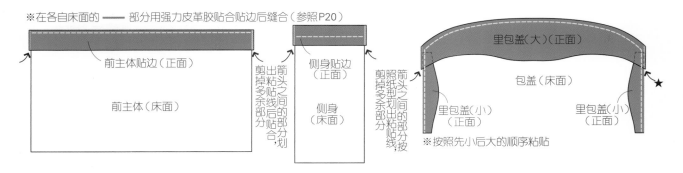

※在各自床面的 ——部分用强力皮革胶贴合贴边后缝合（参照P20）

前主体贴边（正面）

前主体（床面）

剪掉粘贴之贴线间部分后，划出部分贴合，
剪出箭头多余部分

侧身贴边（正面）

侧身（床面）

剪掉粘贴之贴线间部分后，按照纸型划出部分粘贴线，
剪出箭头多余部分

里包盖（大）（正面）

包盖（床面）

里包盖（小）（正面）

里包盖（小）（正面）

※按照先小后大的顺序粘贴

6制作前主体、安装金属扣

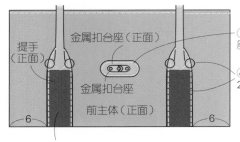

提手（正面）

金属扣台座（正面）

金属扣台座

前主体（正面）

6

6

①缝合金属扣台座，安装金属扣

④缝纫开始位置重叠2针平针缝合提手

②在提手的 ——部分涂抹橡皮胶粘贴，缝纫开始的两三针的针孔用圆锥扎刺

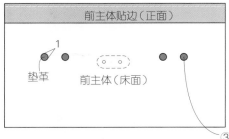

前主体贴边（正面）

1

垫革

前主体（床面）

③对齐②扎刺的孔，在缝纫开始位置用强力皮革胶粘贴垫革，再一次从正面用圆锥扎刺穿透垫革

金属扣的安装方法

1 在主体上缝合金属扣台座的皮革，用圆形铳开孔。

2 放入铆钉，用锤子敲击。

3 确认包盖金属扣的位置后开孔。

4 包盖的金属扣也用相同方法安装。

7制作后主体

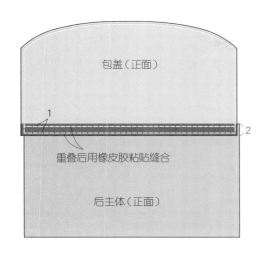

1
重叠后用橡皮胶粘贴缝合
包盖（正面）
2
后主体（正面）

口袋上用橡皮胶粘贴
口革后进行平针缝,
周围磨边
口袋口革（正面）
口袋（正面）

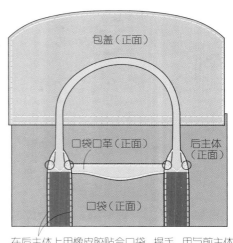

包盖（正面）
口袋口革（正面）
后主体（正面）
口袋（正面）

在后主体上用橡皮胶贴合口袋、提手,用与前主体同样的方法缝合提手（缝纫开始位置重叠3针）。在几片皮革重叠、难穿针的时候,用尖嘴钳（或老虎钳）夹住针引拔比较方便（参照P67）

8缝合主体和底部（参照P20）

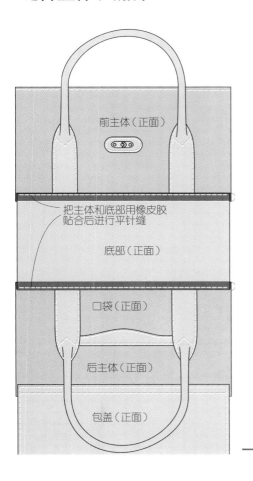

前主体（正面）
把主体和底部用橡皮胶贴合后进行平针缝
底部（正面）
口袋（正面）
后主体（正面）
包盖（正面）

—— =橡皮胶涂抹位置

9缝合主体、底部和侧身

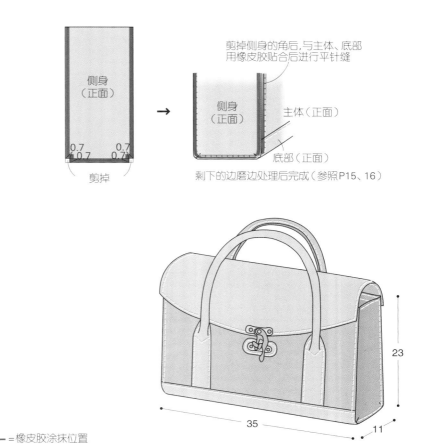

侧身（正面）
0.7   0.7
0.7   0.7
剪掉

→

剪掉侧身的角后,与主体、底部用橡皮胶贴合后进行平针缝
侧身（正面）
主体（正面）
底部（正面）

剩下的边磨边处理后完成（参照P15、16）

23
35
11

ICHIBANYOKUWAKARU HAJIMETE NO KAWATENUI (NV70200)

Copyright ©KUNIKO NOTANI 2013©NIHON VOGUE-SHA 2013All rights reserved.

Photographers: SHIGEKI NAKASHIMA.

Original Japanese edition published in Japan by NIHON VOGUE CO., LTD.,

Simplified Chinese translation rights arranged with BEIJING BAOKU INTERNATIONAL CULTURAL

DEVELOPMENT Co., Ltd.

著作权合同登记号：图字16-2013-216

图书在版编目（CIP）数据

无师自通学手工：皮革手缝基础技法大全 / (日) 野谷久仁子著; 董远宁译. —郑州：
河南科学技术出版社，2015. 8（2019.8重印）

ISBN 978-7-5349-7660-5

Ⅰ.①无… Ⅱ.①野… ②董… Ⅲ.①皮革制品-手工艺品—制作 Ⅳ.①TS973.5

中国版本图书馆CIP数据核字（2015）第038824号

出版发行：河南科学技术出版社

　　　　　地址：郑州市郑东新区祥盛街27号　　　邮编：450016

　　　　　电话：（0371）65737028　65788613

　　　　　网址：www.hnstp.cn

策划编辑：刘　欣

责任编辑：杨　莉

责任校对：张小玲

封面设计：张　伟

责任印制：张艳芳

印　　刷：北京盛通印刷股份有限公司

经　　销：全国新华书店

开　　本：889 mm×1194 mm 1/16　印张：5.5　　字数：140千字

版　　次：2015年8月第1版　　2019年8月第5次印刷

定　　价：46.00元